AF824133

DIE
KOLLODIUMW

Ihre Herstellung zur Verwendung
für
Zelluloid, Kunstleder, Nitroseide, Nitro
Filme und plastische Massen

*

Unter besonderer Berücksichtigung
der Niedrigviscosen Kollodiumwollen

Anhang: Andere Zellulosen

Mit 65 Abbildungen und 2 Tafeln

Von

ING. CHR. STARK

TECHNISCHER VERLAG · BERLIN W. · M. KRAYN

1 9 3 1

VORWORT

Das vorliegende Buch beschäftigt sich mit einem Abschnitt der chemisch-technischen Industrie, der im allgemeinen mit dem Namen Nitrozellulose-Industrie bezeichnet wird. Von dieser Industrie hat Verfasser sich wieder den Teil für seine Monographie ausgewählt, welcher speziell nach dem Weltkriege zu einem gewissen Abschluß seiner Entwicklung und der hierzu geführten Forschungen gekommen ist, die Kollodiumwoll-Fabrikation. Die Erfahrungen vor und während des Krieges, insbesondere aber die Ergebnisse der neueren Forschungen und deren Durchführung in der Praxis, haben in den letzten Jahren gewisse festumrissene Methoden in der Beurteilung, Herstellung und Verwendung der Kollodiumwolle gebracht, die uns neue Wege und Ziele gezeigt haben. Man ist von den bis dahin zum Teil empirischen Herstellungsmethoden durch eingehendes Studium der Ursachen für bestimmte Eigenschaften der Kollodiumwolle zu festen Herstellungsverfahren gekommen, die die Erzielung dieser für bestimmte Verwendungszwecke notwendigen Eigenschaften möglich machten. Um es präziser auszudrücken: die neuen Verfahren erzielen als Endresultat Kollodiumwollen mit bestimmten gewünschten Eigenschaften, ohne größere Toleranz, mit der man früher rechnen mußte. Stickstoffgehalt, Löslichkeit, Viskosität, Stabilität und Bleichresultate werden heute in gewünschter Weise nach genau festgelegten Verfahren und durch Auswahl der Rohmaterialien mit nur geringen Abweichungen regelmäßig in den vorher festgelegten und erwarteten Graden erreicht.

Wissenschaftliche Forschungsergebnisse und praktische Erfahrungen, Chemie und Ingenieurwissenschaft haben besonders in dieser Industrie durch gegenseitigen Austausch und durch Verwertung ihrer Erfahrungen zu überraschenden, weitgehenden Erfolgen geführt.

Das vorliegende Buch bringt außer der Zusammenfassung der wissenschaftlichen Forschungsergebnisse der letzten Jahre besonders eingehende

Beschreibungen der Methoden der praktischen Verfahren in den Klein-, Mittel- und Großbetrieben unter Berücksichtigung besonders günstiger wirtschaftlicher Ergebnisse. Da Letztere innig zusammenhängen mit der Verbesserung der Maschinen, Apparaturen und sonstigen mechanischen Einrichtungen, ist diesen weitgehende Aufmerksamkeit gewidmet worden.

Der Verfasser hofft, hiermit nicht nur dem Chemiker, sondern auch dem Ingenieur, Techniker und Verbraucher wertvolle Fingerzeige zu geben.

Charlottenburg, 5. März 1931.

Der Verfasser.

INHALTSVERZEICHNIS

EINLEITUNG, GESCHICHTLICHES

Unter „Kollodiumwolle“ versteht man Nitrozellulose, welche bei einem Stickstoffgehalt von 9—13,15 % in einem Gemisch von Ätheralkohol löslich ist und zur Herstellung plastischer Massen wie Zelluloid, Filme, Kunstleder, Nitroseide, Nitrolacke und für rauchschwaches Pulver Verwendung findet. Zur Herstellung von rauchschwachem Pulver wird Kollodiumwolle von 12,8—13,15 % Stickstoffgehalt verwendet, während für die übrigen angeführten Kunstmassen niedriger nitrierte Kollodiumwolle von 8—12,5 % Stickstoffgehalt verwandt wird. Höher nitrierte Nitrozellulose von 13,2—13,4 % Stickstoffgehalt bezeichnet man als Schießbaumwolle; diese ist in Ätheralkohol nicht löslich. Andererseits stellt man jedoch auch heute bereits niedriger nitrierte Kollodiumwollen mit 11—12,5 % Stickstoffgehalt her, die fast ganz in Alkohol löslich sind.

Von geschichtlichem Interesse ist, daß Braconnot[1]) und Pelouze[2]) 1832—1838 bereits bei Behandlung von Baumwolle und Holzfaser mit Salpetersäure und nachfolgendem Waschen mit Wasser leicht entzündliche Stoffe erzielten, die sie Xyloidin nannten. Später stellte Schönbein in Basel[3]) auf ähnliche Weise eine nitrierte Baumwolle her, die er Schießbaumwolle nannte und im Jahre 1845 als Treibmittel für Munition empfahl. In gleicher Weise hatten zur selben Zeit Versuche von Böttcher in Frankfurt a. M. und Otto in Braunschweig Erfolg. Letzterer brachte die erste Veröffentlichung über die Darstellung von Nitrozellulose resp. Schießbaumwolle im Jahre 1846 in Braunschweig[4]). Veranlaßt durch diese Publikation nahm eine Reihe von Forschern die weitere Bearbeitung und Untersuchung dieser Materie auf, doch war von da bis zur Einführung der Fabrikation sowie der weiteren Verwendung der Nitrozellulose noch ein weiter Weg. Wohl versuchte man bereits 1860 nach Verbesserung durch Lenk Nitrozellulose als Treibmittel für Geschosse zu verwenden; doch war sie wegen der allzu großen Schnelligkeit der Verbrennung und der dadurch hervorgerufenen heftigen Einwirkung auf die Waffe zunächst hierfür unbrauchbar. Auch war man noch nicht in der Lage, lagerfähige, absolut stabile Nitrozellulose herzustellen, weshalb man nach

[1]) Annales de Chemie et de Physique 1833.
[2]) Bericht an die Pariser Academie 1833.
[3]) Sitzungsberichte der Naturforschenden Gesellschaft, Basel 1846.
[4]) Hannoversche Zeitung 5/X 1846.

verschiedenen Explosionen von größeren Vorräten die Verwendung als Geschoßtreibmittel wieder aufgab[1]).

Erst dem englischen Chemiker Abel gelang es nach 1865, vollständig lagerfähige Nitrozellulose herzustellen. Mit Auffindung der Löse- und Plastifizierungsmittel der Nitrozellulose begann dann die Reihe der Erfindungen des rauchlosen Pulvers, Gelatinedynamits, Zelluloids, Kunstleders, der Filme und die Errichtung der Industrien zur Herstellung von Nitrozellulose und der angeführten plastischen Massen.

Es entstanden in allen zivilisierten Ländern Fabriken für die Herstellung von Nitrozellulose und deren weiteren Verarbeitung. Private und staatliche Versuchsanstalten bauten die Kenntnis dieser Materie immer mehr und mehr aus. Besonders grundlegend waren später hierfür die Untersuchungen und Arbeiten der Chemiker Vieille und Lunge.

---

[1]) Geschichte der Explosionsstoffe v. H. J. v. Romocki, Hannover 1895.

I. Zusammensetzung der Kollodiumwolle.

Chemisch-physikalische Eigenschaften derselben.

Die Herstellung der Kollodiumwolle erfolgt durch Eintauchen von Zellulose aus Baumwolle, Holzzellstoff oder anderen Rohmaterialien in ein Gemisch von Salpeter und Schwefelsäure, dem ein entsprechender Prozentsatz Wasser (etwa 20 %) zugesetzt wird. Dieser mit „Nitrieren" bezeichnete Vorgang ergibt bei höherer Konzentration der Säure entsprechend höher nitrierte Endprodukte mit entsprechendem Stickstoffgehalt.

Der Vorgang der Herstellung ist rein schematisch der, daß an Stelle von Wasserstoff, der in der Zellulose enthalten ist, Untersalpeter aus der Salpetersäure tritt:

$$\underset{\text{Zellulose}}{C_6 H_{10} O_5} + \underset{\text{Salpetersäure}}{N H O_3} = \underset{\text{Mono-Nitro-Zellulose}}{C_6 H_9 (N O_2) O_5} + \underset{\text{Wasser}}{H_2 O}$$

$$\underset{\text{Zellulose}}{C_6 H_{10} O_5} + \underset{\text{Salpetersäure}}{2 N H O_3} = \underset{\text{Di-Nitro-Zellulose}}{C_6 H_8 (2 N O_2) O_5} + \underset{\text{Wasser}}{2 H_2 O}$$

$$\underset{\text{Zellulose}}{C_6 H_{10} O_5} + \underset{\text{Salpetersäure}}{3 N H O_3} = \underset{\text{Tri-Nitro-Zellulose}}{C_6 H_7 (3 N O_2) O_5} + \underset{\text{Wasser}}{3 H_2 O}$$

Wie aus vorstehender Tabelle ersichtlich, erhält man je nach der Konzentration der Säure verschiedene Stufen der Nitrierung, die mit Mono-, Di-, Tri-Nitrozellulosen bezeichnet werden. Außer der Säurezusammensetzung sprechen allerdings auch noch andere Faktoren hierfür mit, wie Dauer der Nitrierung und Säuretemperatur. Jeder einzelne dieser Punkte ist mitbestimmend für den Stickstoffgehalt des Endproduktes.

Eder kam auf Grund seiner Nitrierversuche zu folgenden Ergebnissen[1]):

$$\underset{\text{Zellulose}}{C_{12} H_{10} (O H)_{10}} + \underset{\text{Salpetersäure}}{6 H N O_3} = \underset{\text{Zellulose-Hexanitrat}}{C_{12} H_{10} (O H)_4 (O N O_2)_6} + \underset{\text{Wasser}}{6 H_2 O}$$

$C_{12} H_{10} (O H)_4 (O N O_2)_6$ =	Zellulosehexanitrat	mit	14,17 %	Stickstoffgehalt
$C_{12} H_{10} (O H)_5 (O N O_2)_5$ =	Zellulosepentanitrat	„	12,75 %	
$C_{12} H_{10} (O H)_6 (O N O_2)_4$ =	Zellulosetetranitrat	„	11,11 %	
$C_{12} H_{10} (O H)_7 (O N O_2)_3$ =	Zellulosetrinitrat	„	9,15 %	
$C_{12} H_{10} (O H)_8 (O N O_2)_2$ =	Zellulosedinitrat	„	6,76 %	

Er verdoppelte, wie wir sehen, die bisher angenommene Formel der Zellulose von $C_6 H_{10} O_5$ auf $C_{12} H_{20} O_{10}$. Vieille[2]), bekannt durch seine grundlegenden Arbeiten auf diesem Gebiet, verdoppelte die Eder'sche Formel nochmals und erhielt bei seinem Nitrierversuche die nachfolgenden Stufen:

---

1) Zeitschr. f. angew. Chemie 1901.
2) Memorial des poudres et salpêtres II. 1897.

$C_{24}H_{29}O_9(ONO_2)_{11}$	= Endekanitrozellulose	mit	13,47 %	
$C_{24}H_{30}O_{10}(ONO_2)_{10}$	= Dekanitrozellulose	„	12,75 %	
$C_{24}H_{31}O_{11}(ONO_2)_9$	= Ennanitrozellulose	„	11,96 %	
$C_{24}H_{32}O_{12}(ONO_2)_8$	= Oktonitrozellulose	„	11,11 %	Stickstoff-
$C_{24}H_{33}O_{13}(ONO_2)_7$	= Heptanitrozellulose	„	10,18 %	gehalt
$C_{24}H_{34}O_{14}(ONO_2)_6$	= Hexanitrozellulose	„	9,15 %	
$C_{24}H_{35}O_{15}(ONO_2)_5$	= Pentanitrozellulose	„	8,02 %	
$C_{24}H_{36}O_{16}(ONO_2)_4$	= Tetranitrozellulose	„	6,76 %	

Fabrikmäßig hergestellte Kollodiumwolle hat einen Stickstoffgehalt von 9,8—13,0 %. Es ist die für unsere Zwecke verwendbare und hier zu beschreibende Nitrozellulose. Die Verwendung der verschiedenen Nitrozellulosen mit bestimmten Stickstoffgehalt ist begründet in bestimmten Erfahrungssätzen bei der Herstellung der einzelnen plastischen Kunstmassen.

Die Praxis ergibt, daß man beim Nitrieren stets ein Gemisch verschiedener Nitrozellulosen erhält, dessen Zusammensetzung je nach der Art der angewandten Nitriermethode und der verwendeten Rohmaterialien mehr oder weniger variabel ist. Es ist dies so zu erklären, daß die Säure je nach der Art der Rohmaterialien und des angewandten Verfahrens mehr oder weniger ungleichmäßig in die Kapillaren der Zellulose eindringt, wodurch ungleichmäßige Veresterungen, über- oder unternitrierte Fasern entstehen. In den letzten Jahren ist man durch Verbesserung der Apparate und der Methoden selbst zu solchen Ergebnissen gelangt, daß man fast gleichmäßige, je nach dem Verwendungszweck zusammengesetzte Kollodiumwolle erhält.

Die Theorie, daß die Löslichkeit mit dem Stickstoffgehalt ausnahmslos zusammenhängt, also mit der Art der Nitrierung resp. Aufnahme der Untersalpetersäure, hat man auf Grund neuerer Forschungen stark revidieren müssen. Es gibt bei gleicher Stickstoffendzahl alkohollösliche bzw. teilweise alkohollösliche Kollodiumwolle, ätherlösliche bzw. teilweise ätherlösliche Kollodiumwolle. Hier scheint die Verseifung, die durch die Gegenwart der Schwefelsäure beim Nitrieren bestimmt angenommen wird, je nach dem Grad ihres Eintritts eine nicht unbedeutende Rolle zu spielen. Auch sind die sich bildenden Oxy- und Hydrozellulosen von beträchtlichem Einfluß auf die Löslichkeit des Endproduktes.

Diese Löslichkeit speziell der Kollodiumwolle in Äther-Alkohol-Gemisch tritt außer bei der höher nitrierten Pulver-Kollodiumwolle für unsere Zwecke bei der weiteren Verwendung praktisch nicht in den Vordergrund. Für uns ist maßgebend die Löslichkeit in Alkohol-Kampfer oder in Alkohol mit Kampfer-Ersatzmitteln. Lediglich für die Lackindustrie spielt die Löslichkeit in reinen, flüchtigen Lösungsmitteln eine bestimmende Rolle. Die Löslichkeit in Kampfer-Alkohol oder Kampfer-Ersatzmitteln ist bei den hier zur Besprechung stehenden Kollodiumwollen von 9,8—13,0 % Stickstoff gleich, nämlich 100 %ig, wobei die

Zeit der Lösung durch Erwärmen und Kneten in Knetmaschinen oder auf Walzwerken beschleunigt werden kann. Diese Löslichkeit der Kollodiumwolle in mehr oder weniger intensiven Plastifizierungsmitteln ist die Grundlage für die weitere Verwendung zur Herstellung der bereits angeführten plastischen Massen.

Viskosität.

Die Viskosität ist bei der Kollodiumwolle sehr unterschiedlich. Màn unterscheidet Kollodiumwolle mit niedriger, mittlerer und hoher Viskosität. Die Bestimmung erfolgt nach verschiedenen Methoden (s. d.). Die Höhe der Viskosität ist abhängig von verschiedenen Faktoren. Es liegt natürlich nahe, schon das Rohmaterial, die Zellulose, mit Eigenschaften zu versehen, die eine bestimmte Viskosität des Endproduktes bei einem bestimmten Verfahren der weiteren Bearbeitung ergeben.

Einige Verfahren gehen dahin, normal hergestellte Durchschnitts-Zellulose, -baumwolle oder -Zellstoff erst beim Nitrieren durch geeignete Verfahren mit der gewünschten Viskosität zu versehen.

Die Höhe der Viskosität ist heute ein maßgebender Faktor für die Geeignetheit der Nitrozellulose für ihre weitere Verarbeitung. Durchweg wird für die Herstellung von plastischen Massen mittel- bis hochviskose Kollodiumwolle verwandt. Für bestimmte Zwecke, insbesondere für die Herstellung von Nitrolacken werden jedoch niedrigviskose Kollodiumwollen gebraucht, um eine möglichst große Menge Farbkörper bei größter Ersparnis der Lösemittel verwenden zu können. Hochviskose Wollen lassen sich durchweg in Lösungen von 5—10 % als Lackauflage verwenden, während niedrigviskose Wollen zu 20—40 % in Lösungen Verwendung finden. Entsprechend stärker wird natürlich auch der aufgetragene Film. Die Erzielung der niedrigviskosen Kollodiumwolle hängt von einer ganzen Reihe Bedingungen ab, auf die wir in den nachstehenden Kapiteln im Zusammenhang mit den maßgebenden Faktoren noch näher eingehen werden.

Der bereits erwähnte Otto hielt die Nitrozellulose für eine Nitroverbindung der Zellulose, während Béchamp[1]) bereits 1847 nachwies, daß sie ein Ester der Salpetersäure darstellt. Spätere Untersuchungen einer größeren Anzahl von Forschern kommen zu demselben Ergebnis wie Béchamp. So beschäftigten sich Berl, Klaye, Saposchnikoff und Lunge speziell mit Untersuchungen über den Einfluß der Salpeter- und Schwefelsäure beim Nitrierprozeß. In gleicher Weise liegen von diesen Chemikern Arbeiten vor über den Einfluß des Wassergehalts der Mischsäure sowie den der Zellulose, ferner über den Einfluß der verschiedenen Temperaturen und der Dauer der Nitrierung sowie über die Wirkungen dieser verschiedenen Komponenten gegen- und untereinander.

---

[1]) Osterbind, Anweisung zur Bereitung der Schießbaumwolle 1847.

Trockene Kollodiumwolle ist stark hygroskopisch und muß deshalb in luftdichten Gefäßen aufbewahrt werden. Auch wird dieselbe durch Trocknen oder Reiben leicht stark elektrisch. Dies ist so zu erklären, daß durch Reibung der beim Trocknen sich bewegenden Luft elektrostatische Ladung entsteht, welche als idioelektrischer Zustand in der trockenen Kollodiumwolle verbleibt.

Dem Aussehen nach zeigt die Kollodiumwolle in ungemahlenem Zustand keinen Unterschied gegen gewöhnliche Baumwolle. Sie fühlt sich nur etwas härter an und ist im ungebleichten Zustand nicht ganz so weiß.Sie ist unlöslich in Wasser und Essigsäure, schwer löslich in Alkohol oder Äther, leicht löslich in Ätheralkohol, Essigäther, Nitrobenzol, Kampferalkohol oder Alkohol mit Kampfer-Ersatzmitteln wie Naphtalin, Mannol, Zentralit, Urethan, Plastol, Mollit u. a.

Sie verpufft beim Erhitzen über 132 Grad und ist im gepreßten oder feuchten Zustande gegen Schlag und Stoß unempfindlich, soweit es sich nicht um Initialzündung handelt. Sie brennt beim Entzünden ohne Explosion langsam ab.

Ihr Versand und Lagerung erfolgt in alkohol- oder wasserfeuchtem Zustande (zirka 35 % Feuchtigkeit) in hermetisch verschlossenen Gefäßen.

Das zur Herstellung der Kollodiumwolle angewandte Rohmaterial ist die Zellulose in möglichst reiner Form wie Baumwolle, Linters, Baumwollpapier, Zellstoff, Zellstoffpappe, Zellstoffpapier oder auch Papier, bestehend aus Baumwolle und Zellstoff. Papier stellt schon eine Verfeinerung des Rohmaterials zur Vereinfachung und Verbesserung des Nitrierprozesses und seiner Vorbereitungen dar, wozu auch für besondere Qualitäten Baumwollgarn verwendet wird. Hierzu kommen als weitere Rohmaterialien und Hilfsmittel Salpetersäure, konzentrierte Schwefelsäure und Oleum.

II. Rohstoffe.

A. Zellulose.

Die Zellulose ist der Hauptbestandteil aller pflanzlichen Zellwandungen und der Ablagerungen, die beim Verholzungsprozeß darauf gebildet werden. Sie ist nirgends völlig rein, sondern von Farbstoffen, Harzen, Fetten, Gummi, Stärke, Eiweißstoffen und Salzen begleitet. Am reinsten findet sie sich in Baumwolle und in jüngeren Pflanzenteilen. Baumwolle ist infolgedessen ein wichtiges Produkt zur Gewinnung von Zellulose. Ein ebenso wichtiges ist das Holz der Koniferen verschiedener Arten, welches zum Herstellen von Zellulose als Zellstoff dient. Baumwolle und Zellstoff sind die Grundlage der Kollodiumwoll-Herstellung.

Die Zellulose wird ihrer Zusammensetzung nach mit der Formel $C_6 H_{10} O_5$ bezeichnet; doch wird sie von einer Reihe von Forschern als Mehrfaches dieser Formel angesprochen und die Ansichten gehen über die molekulare Bestimmung derselben weit auseinander. Während Cross und Bevan auf einen Kohlestoffsechsring, verbunden mit einer Carbonyl- und Methylengruppe, schließen, kommt Green zu dem Ergebnis, daß ein einmolekulares Anhydrit der Glukose vorliegt. Andere Forscher wie Eder halten die Zellulose für bimolekular. Vieille nimmt ein vierfaches Molekül, Bumcke und Wolffenstein ein sechsfaches an, während die Untersuchungsergebnisse Mendelejeffs für die acht- und die Nastukoffs sogar für die vierzigfache Molekülargröße sprechen. Piest bezeichnet sie mit folgender Formel: $C_6 H_7 O_2 (OH)_3 n$; Croß und Bevan mit $C_{12} H_{20} O_{10}$ und Vieille und Lunge mit $C_{24} H_{40} O_{20}$.

Alle sind darin einig, daß sie ein dreiwertiger Alkohol, verbunden mit Hydroxylgruppen darstellt und somit isomer mit Stärke, Dextrin, Gummi und anderen verwandten Substanzen ist.

Die reine Zellulose ist unlöslich in Wasser, Alkohol und anderen Lösungsmitteln, löst sich aber in ammoniakalischer Kupferoxydlösung unter vorherigem Aufquellen allmählich auf. An der Luft ist sie in reinem Zustand unveränderlich. In kalter, konzentrierter Schwefelsäure löst sich die Zellulose und scheidet bei Zusatz von Wasser Amyloid aus; beim Kochen in konzentrierter Schwefelsäure wird die Zellulose unter Schwärzung völlig zerstört. Bei Destillation unter Luftabschluß zersetzt sich die Zellulose unter Hinterlassung von Kohle und Verflüchtigung von Methylalkohol, Ameisensäure, Essigsäure, Kohlenwasserstoff, Kreosot usw.

Die in den letzten Jahren auf dem Gebiete der Zellulose angestellten Forschungen haben insbesondere auf röntgenspektographischem Gebiet das Problem der Konstitution der Zellulose seinem Ziele etwas näher gebracht. C. von Nägeli gelang es[1]), die von ihm aufgestellte Mizellar-

[1]) Nitrozellulose-Zeitschrift 1930.

Theorie der Zellulose mittels dieser optischen Methode zu bestätigen. Er stand bei Beginn seiner Versuche auf dem Standpunkt, daß die Zellulose sich nicht aus Molekülen, sondern aus Molekülgruppen zusammensetzt, die er Mizelle nannte. Aus der Doppelbrechung im polarisierten Licht schloß er auf die kristallinische Struktur dieser submikroskopischen Teilchen. Scherrer, Ambronn und Gilson brachten die Bestätigung dieser Hypothese durch röntgenspektographische Untersuchungen. Besonders der erstere fand bei der Ramiefaser ein ausgesprochenes Faserdiagramm. Weitere Arbeiten über die Faserstruktur von Zelluloseestern und -hydraten brachten Herzog, Katz und March ebenfalls auf röntgenspektographischem Gebiet. K. Heß machte Bestimmungen der Gefrierpunktserniedrigung von in Eisessig molekulardispers gelöster Triazethal und Trimethyl-Zellulose. Er stellte ferner auf Grund von Drehwertsmessungen von Kupferzelluloselösungen ein Maximum beim Verhältnis 1 Mol $Cu(OH)_2 : 1\, C_6H_{10}O_5$ fest. Das würde besagen, daß das Zellulosemolekül dieser Größe unter Auswertung der erhaltenen Messungen und Zugrundelegung der Gültigkeit des Massenwirkungsgesetzes entspricht. Auf 40 Glukosereste, zu einer Hauptvalenzkette vereinigt, kamen Freudenberg, Staudinger und Meyer bei ihren Versuchen. Je 25—30 solche Ketten sind parallel zueinander gelagert und werden durch Mizellarkräfte zu einem Zelluloseteilchen zusammengehalten. Wir sehen an diesen Ergebnissen wieder, daß die Ansichten über das Molekulargewicht der Zellulose noch sehr weit auseinandergehen.

Man stellte ferner Versuche an über die technische Bedeutung der räumlichen Anordnungen der Mizelle sowohl in der natürlichen Zellulosefaser als auch in Zellulosehydraten und -estern. Röntgenspektographische Aufnahmen gaben uns hierbei Aufschluß über die Lage der Mizelle zur Faserachse der Baumwolle. Man stellte fest, daß die Linksachsen der Mizelle bei Baumwolle spiralig angeordnet sind. Die Richtung derselben ist abhängig von der Spannung bei den aus Zelluloselösungen regenerierten Produkten resp. von der Streckung, die sich vor dem Erstarren der Lösung ergibt. Man unterscheidet nach Dr. M. Steude 1. „orientierte" Mizelle, 2. „nicht orientierte" Mizelle. Erstere liegen parallel zur Faserachse, letztere dagegen in verschiedenen Richtungen. Der Grad der Orientierung der Mizelle in natürlichen oder künstlichen Fasern ist maßgebend für die Festigkeit des Faserbündels. Danach ergeben Zellulosefasern, deren Mizelle gut orientiert liegen, höhere Festigkeitswerte als die nicht orientierten, was auch von der Praxis vielfach bestätigt wird.

Die Dehnbarkeit der Faser, d. h. das Vermögen des Fadens, sich in der Längsrichtung bis zum Zerreißen um einen gewissen Betrag zu verlängern, steht im engsten Zusammenhang mit der Anordnung der Mizelle. Sie ist ebenso wie die Festigkeit abhängig vom Feuchtigkeitsgrad der betreffenden Faser. Es ergibt sich ja schon bei einfacher Überlegung, daß Fasern mit gleichmäßig angeordneten Mizellen größere Streckung oder Spannung aushalten als Fasern mit ungleichmäßig angeordneten. Auch spielt hier natürlich die Hydratisierung der Zelle eine weitgehende Rolle, doch sind Versuche, die Faser wasserfester zu machen, d. h. zu dehydratisieren, bisher wenig ergebnisreich verlaufen. Wie bereits erwähnt, sind alle diese physikalischen Eigenschaften sehr stark abhängig von der Art und Weise der Behandlung der Zellulose in der Vorbereitung zum Nitrieren und bei der Nitrierung selbst. Eine bekannte Erscheinung in der Praxis, auf die wir in diesem Zusammenhang hinweisen möchten, ist die, daß z. B. aus sogenannter „totgemahlener" Zellulose kein Papier herzustellen ist, und daß selbstverständlich ungebleichte Rohstoffe für die Herstellung von hochwertigen Zelluloseprodukten wenig geeignet sind.

Bei der Vorbereitung der Zellulose, um sie als Nitrierprodukt brauchbar zu machen, bleibt dieselbe nicht einheitlich, sondern wandelt sich zu einem geringen Teil in Hydro- und Oxyzellulose um. Dies ist die Folge der Einwirkung der angewandten Säuren und Oxydationsmittel. Bei der Herstellung des Zellstoffes oder bei der Vorbereitung der Baumwolle werden Mineralsäuren, Schwefel- oder Salzsäure, in verdünnter Lösung gebraucht. Hierdurch entsteht aus der Zellulose

$$C_{36}\,H_{60}\,O_{30}$$

teilweise Hydrozellulose

$$C_{36}\,H_{62}\,O_{31}.$$

Diese kann weiterhin durch Kochen mit verdünnter Säure in Acidzellulose

$$C_{36}\,H_{62}\,O_{32}$$

und diese zu Dextrose

$$C_{36}\,H_{72}\,O_{36}$$

gewandelt werden. Die Hydrozellulose geht beim Nitrieren in Lösung über und verbleibt in der Abfallmischsäure resp. im Waschwasser. Sie beeinflußt demgemäß auch die Ausbeute des Nitrierproduktes.

Oxyzellulose entsteht durch Bleichen der Zellulose mit Chlorkalk oder allgemein bei der Behandlung mit Oxydationsmitteln. Da Natronlauge nur zum Teil diese Oxyzellulose auflöst, so unterscheidet man eine in verdünnter Natronlauge unlösliche Alpha-Oxyzellulose und eine darin lösliche Penta-Oxyzellulose; letztere ist die stärker sauerstoffhaltige. Ihre Quantität nimmt mit der Stärke der angewandten Oxydationsmittel zu.

Der Gehalt der Zellulose an Hydro- und Oxyzellulose ist mitbestimmend für die Viskosität und Löslichkeit des Nitrierproduktes der Kollodiumwolle.

Sowohl im Holzzellstoff als auch in der Baumwolle sind Hydro- und Oxyzellulosen in mehr oder weniger geringen Prozentsätzen, je nach ihrer

Verarbeitung enthalten und für das zu erzielende Endprodukt bei der Nitrierung und Weiterbearbeitung zu berücksichtigen.

Auch Piest, Macdonald und Schwalbe fanden, daß der höhere Gehalt an Oxyzellulose die Viskosität im umgekehrten Verhältnis beeinflußte. Sowohl die Viskosität der Nitrozelluloselösung als auch die der Zellulose-Kupferoxyd-Ammoniaklösung wurde durch den Oxyzellulosegehalt herabgesetzt.

a) Allgemeines.

1. Baumwolle.

Die Baumwolle stellt die reinste natürliche Form der Zellulose dar. Sie besteht aus den Samenhaaren verschiedener Arten der Gattung Gossypium, Familie der Malvaceen, die in Tropenländern angebaut werden. Die Kulturländer der Baumwolle sind hauptsächlich Italien, Spanien, Ägypten, Arabien, Indien, China, Mittel- und Südamerika. Bei der Reife springt die kapselartige Frucht auf und die langen, weichen, elastischen Samenhaare, welche die einzelnen Samen dicht einhüllen, quellen hervor. Für die Nitrozellulosefabrikate wird meist die kurzfaserige Wolle sowie die beim Ernten an den Kapseln verbleibenden Fasern, die sogenannten Linters, gebraucht. Letztere werden nach dem Sammeln einige Tage der Sonne ausgesetzt, maschinell nach Möglichkeit von Kapseln befreit und in Ballen gepreßt zum Versand gebracht.

Der Baumwollmarkt für Deutschland, fast des gesamten Kontinents ist Bremen, wo sowohl die Baumwolle für Spinnereien als auch diejenige für technische, d. h. für unsere Zwecke gehandelt wird. Die Baumwolle ist jedoch in dem Zustand, wie sie vom Ursprungsland in der Regel als Rohbaumwolle oder Rohlinters geliefert wird, für die Herstellung von Nitrozellulose ohne weiteres nicht brauchbar und muß zuvor einem Reinigungs- und Bleichprozeß unterworfen werden. Diese Vorbereitung wird von Spezialfirmen ausgeführt*). Gebrüder Martin, Köln-Mülheim (Rhein) und Peter Temming, Hamburg, liefern die für jeden

*) Gebrüder Martin G. m. b. H., Köln-Mülheim. Die Firma ist die Herstellerin des bekannten Kunstseiden-Zellstoffes, der unter der Fabrikmarke „Celluseta" in Handel ist. Sie betreibt in Köln-Holweide eine bedeutende Baumwollbleicherei, in der folgende Spezialitäten hergestellt werden: Gebleichte Baumwolle jeder Qualität für alle chemischen und technischen Zwecke, Baumwolle jeder Art zur Herstellung von Schieß- und Kollodium-Wolle, gebleichte Baumwolle jeder Qualität für alle Arten der Kunstseidenfabrikation, besonders für Nitroseide, Kupferammoniakseide, Azetatseide und beste Viskoseseide, gebleichte Baumwolle jeder Qualität für die Herstellung von Films, Lacken, Kunstleder, Spaltleder, Kunststoffen aller Art, farbiges, weißes und transparentes Zelluloid, plastische Massen, Flaschenverschlüssen, Spritzdecklacke niedrigster Viskosität, gebleichte Baumwolle jeder Art für die Herstellung von Feinpapier. Die Inhaber der Gebrüder Martin G. m. b. H. sind gleichzeitig an den Pfälzischen Pulverfabriken A.-G. in St. Ingbert, an der Pulverfabrik Haßloch am Main und an der Martin & Pagenstecher Akt.-Ges., Köln-Mülheim, beteiligt.

Verwendungszweck besonders vorbereitete Baumwolle den Nitrozellulosefabriken nitrierfertig. Je nach dem herzustellenden Endprodukt muß sowohl der Reinigungs- als auch der Bleichprozeß Varianten aufweisen, die der Rohbaumwolle bestimmte Eigenschaften geben resp. unerwünschte beseitigen. So liefern diese Firmen fertig vorbereitete Baumwolle zur Herstellung bestimmter Qualitäts-Nitrozellulosen zur Fertigung von Zelluloid in verschiedenen Ausführungen und Vorbereitungen, gleichzeitig auch besonders vorbereitete Baumwolle für Filme, Kunstleder, Nitroseide, für hoch- und niedrigviskose Lacke. In den letzten Jahren sind die größeren Nitrozellulosefabriken und sonstige chemisch-technische Betriebe dazu übergegangen, die von ihnen zu verarbeitende Baumwolle selbst aus der Rohbaumwolle vorzubereiten.

b) Vorbereitung der Baumwolle.

Die Rohbaumwolle, wie sie vom Erzeuger kommt, ist vielfach verunreinigt durch von außen hinzugetretene Fremdkörper wie Samenkapseln, Staub, Sand, Laub, Schweiß und Öl. Das Sammeln, Lagern und Pressen der Rohwolle wird meist unter solchen Umständen ausgeführt, die ein Verschmutzen von außen nicht verhindern können. Hinzu kommen noch die in der Baumwolle von Natur enthaltenen, die Herstellung einer reinen, stabilen Kollodiumwolle hindernden Stoffe wie Rohgummi, Fette, wachs- und harzartige Körper, Gerbstoffe, Farbstoffe und Pektinsäure. Es ist von außerordentlicher Wichtigkeit, die Fremdkörper nach Möglichkeit restlos zu entfernen. Zu diesem Zweck wird die Baumwolle einem intensiven Reinigungs- und zugleich Bleichprozeß unterworfen. Vorher ist dieselbe bereits nach Herkunft, Farbe und Aussehen sortiert worden, da der Vorbereitungsprozeß in bezug auf die Zusammensetzung der Reinigungs- und Bleichflüssigkeit, sowie die Dauer des Prozesses sich hiernach richten. Im allgemeinen verfährt man so, daß die Baumwolle zunächst in einer Reißmaschine vollständig aufgelockert, gerissen wird. Darauf passiert sie eine Reinigungsmaschine, in der sie von mechanischen Beimengungen wie Samenkapseln, Holzteilchen, Sand, Laub usw. befreit wird. Sehr wichtig ist darauf das gute Auswaschen, Kochen und Auslaugen der in der Zellulose enthaltenen Fremdkörper sowie das Bleichen der Baumwolle.

Um die in der Faser haftenden, die Nitrierung hindernden resp. die Qualität der Kollodiumwolle vermindernden Stoffe zu entfernen, wird die Baumwolle verschiedenen gründlichen Koch- und Waschprozeduren unterworfen. Dieses geschieht mit verdünnter Natron- oder Kalilauge. Letztere wird jedoch weniger angewandt, weil sie zu teuer ist. Man muß unbedingt darauf achten, daß die Konzentration der Lauge richtig ist. Mit Natronlauge unter 10° Bé wird in der Regel die übliche Zelluloidwolle mittlerer Viskosität gereinigt. Bei höherer Konzentration tritt eine mehr oder weniger intensive Merzerisation der Baumwolle ein, wodurch eine niedrigere Viskosität der Kollodiumwolle bei normaler Nitrierung erreicht wird. Wir sehen also aus diesem Beispiel, wie wichtig eine richtige Einstellung der Laugen schon bei dieser Arbeitsphase für die spätere Weiterverarbeitung ist. Es wird im letzteren Falle jedoch auch die Faser leicht angegriffen, wodurch die Ausbeute naturgemäß herabgesetzt wird.

Die Faser der Baumwolle selbst besteht aus einer langgezogenen Zelle, die an beiden Enden in konischen Spitzen ausläuft. Sie schrumpft beim Trocknen zusammen und stellt ein unregelmäßiges Band mit wulstigen Rändern dar. Dieses besteht aus der Wand und dem Lumen, d. h. dem luftgefüllten Hohlraum der Zelle. Die Zellwand selbst wird von einem zarten Häutchen, der Kutikula, überzogen. Die Stärke der Baumwollzellhaut beträgt ungefähr 1/3—2/3 des Durchmessers der Zelle. Sie muß nun durch das Kochen zunächst einmal aufgeweicht werden, damit die Lauge selbst in kräftiger Wirkung auf die Zellwand arbeiten kann. Das Kochen erfolgt in Druckkesseln bei 2—3 Atmosphären Druck unter ständiger Rotation der verdünnten Ätzlauge. Die beim Kochen gelösten Fette usw. absorbieren einen Teil des in der Lauge enthaltenen Alkalis. Wichtig ist, durch vorherige Untersuchung den Fettgehalt der Baumwolle zu bestimmen. Nach diesem Gehalt richtet sich auch die Einstellung der Lauge, um einen möglichst gleichmäßigen Überschuß ständig zu halten und einen übermäßigen Abbau der Zellulose zu vermeiden. Es ist unbedingt darauf zu achten, daß die Baumwollfaser nicht zu stark angegriffen wird. Nach der Behandlung mit Alkalilauge wird gründlich und wiederholt in heißem Wasser nachgespült. Für den weiteren, nachfolgenden Bleichprozeß ist es unerläßlich, die Pektine, Gerbstoffe, Fette und Harze möglichst restlos zu entfernen. Während dieser Arbeitsphasen ist der Luftzutritt zu vermeiden, um Oxydationen zu verhindern. Die Lauge muß frei von Verunreinigungen wie Eisenchlorid, Kochsalz usw. sein. Das Wasser soll sehr weich sein. Je weicher es ist, je reiner die Lauge, desto schneller die Reinigung. Nach erfolgtem Auswaschen der Alkalilauge wird die Baumwolle in besonderen Bleichkufen gebleicht. Das Bleichen erfolgt meist mit verdünnter Chlorkalklösung resp. Hypochlorit. Die in der Baumwolle enthaltenen Farbstoffe werden hierdurch zerstört. Die Bleichlösung muß hinreichend verdünnt sein, um ein Zerstören der Faser zu vermeiden. Bei zu starker Konzentration werden die Fasern angegriffen und oxydieren. Es entsteht Oxyzellulose: $C_6 H_{10} O_5 + C_6 H_{10} O_6$.

Andererseits entsteht bei der weiteren Behandlung mit verdünnter Schwefelsäure Hydrozellulose: $(x\ C_6 H_{10} O_5)\ n \cdot H_2O$.

Nach dem Kochen ist es jedoch notwendig, mit verdünnter Schwefelsäure bei Kochtemperatur nachzubehandeln, um die Chlorkalklösung resp.

Hypochlorit aus der Baumwolle restlos zu entfernen. Man verwendet hierzu erst heiße 0,3—0,5 %ige Schwefelsäure und dann nach Entfernung dieser Säure Antichlor.

Baumwolle, welche viel Oxyzellulose (vom starken Bleichen) oder Hydrozellulose (durch zu starke Konzentration der Schwefelsäure beim Nachbehandeln) enthält, ergibt bei normaler Nitrierung niedrigviskose Kollodiumwolle.

Nach dem Bleichen und der Nachbehandlung in Schwefelsäure und Antichlor erfolgt mehrmaliges Auswaschen in den hierzu vorgesehenen Apparaten bzw. Bottichen und darauf das Trocknen der Baumwolle. Letzteres erfolgt in der Weise, daß zunächst die Baumwolle zwischen Walzen vom größten Teil des Wassers befreit wird, dann nochmals zerrissen, fertig getrocknet und in Ballen verpackt wird.

c) Baumwollpapier.

Eine gut vorbereitete, in manchen Fabriken ausschließlich verwendete Zellulose ist das Baumwollpapier. Dasselbe wird in der Weise hergestellt, daß Baumwolle in der im vorigen Kapitel bezeichneten Weise vorbereitet, dann gemahlen und auf Papiermaschinen zu Baumwollpapier verarbeitet wird. Das Verarbeiten von Baumwollpapier stellt insbesondere für die kleinen Betriebe eine bedeutende Vereinfachung des Nitrierbetriebes dar insoweit, als zur weiteren Vorbereitung dieses Papieres zum Nitrieren sonstige Anlagen nicht notwendig sind. Das Papier wird in Rollen geliefert, vor dem Nitrieren in einem Trockenraum bei einer Temperatur von 30—40° auf unter 1 % Feuchtigkeitsgehalt getrocknet und durch entsprechende Vorrichtungen in die Nitriertöpfe resp. Nitrierapparate abrollen gelassen. Die Anforderungen, die an Baumwollpapier gestellt werden, sind folgende:

helle, leuchtende weiße Farbe,
vollständig knotenfrei,
ohne jedwede Füllstoffe und Leimpräparate,
Gewicht pro Quadratmeter 14—22 g,
gut löslich und säureaufnahmefähig.

Es wird vornehmlich für die besseren Qualitäten des Zelluloid, transparent, knochenweiß, elfenbeingeadert, verwendet. Die aus Baumwollpapier hergestellte Nitrozellulose ist in ihrer Qualität etwas niedrigviskoser als die aus Baumwolle bereitete, wodurch auch das daraus hergestellte Zelluloid etwas härter und nicht ganz so dehnungsfähig wie das aus reiner Baumwoll-Nitrozellulose ist. Es hängt dies mit der notwendigerweise stärkeren Bearbeitung mit Alkali und Säuren bei der Vorbereitung des Baumwollepapiers zusammen.

d) Baumwollgarn.

Für besonders gute Nitrozellulose-Qualitäten, insbesondere für diejenigen, bei denen es auf einen höheren Preis nicht ankommt, sondern vor allem auf helle, gut lösliche und hochviskose Qualität Wert gelegt wird, verwendet man — allerdings heute nur noch in Ausnahmefällen — Baumwollgarn. Dasselbe hat eine außerordentlich gute Netzbarkeit und ergibt vor allen Dingen Nitrozellulose mit guter Löslichkeit und Transparenz. Garn als Nitrozelluloserohstoff wird heute nur noch für wenige besondere Zwecke und auch hier nur ausnahmsweise gebraucht, und zwar für hochtransparentes Zelluloid, z. B. für Verbundglas, allerfeinstes weiß und elfenbeingeadert und als photographische Wolle.

Abb. 1. Reißmaschine

e) Maschinen und Einrichtungen zur Vorbereitung der Baumwolle.

Der gute Ausfall der Baumwolle ist abhängig von der gleichmäßigen Durchführung des Koch- und Bleichprozesses. Im vorhergehenden Kapitel haben wir bereits gesehen, wie wichtig das vorsichtige, gleichmäßige Kochen, insbesondere die Einwirkung der Alkali auf die Struktur der Faser ist. Es ist deshalb nicht zu verwundern, daß man dieser Bearbeitung in den letzten Jahren besondere Aufmerksamkeit zugewandt hat. Um eine größte Gleichmäßigkeit und genauen Grad der Einwirkung der Alkalien zu erzielen, war es notwendig, die bisher hierfür angewandten Methoden so auszubauen resp. die verwendeten Apparate so zu verbessern, daß diese wichtige Arbeit möglichst maschinell, von manueller Tätigkeit unabhängig wurde. Man hat infolgedessen eine Reihe von Apparaten konstruiert, die diesen Forderungen gerecht werden.

Die Rohbaumwolle wird zum Zwecke des Versandes beim Erzeuger in Ballen zusammengepreßt, und mit Jute und Eisenbändern umkleidet zum Versand gebracht. Es ist infolgedessen notwendig, die Wolle erst aufzulockern, zu reißen. Hierzu bedient man sich der Reißmaschinen. Diese sind mit Entstäubungs- und Wollablieferungseinrichtungen versehen. Abb. 1 stellt eine Reißmaschine dar, mit der die Baumwolle fein gerissen und gleichzeitig entstaubt wird. Das Entstauben erfolgt durch Absaugen des Staubes mittels Exhaustoren und ist zur Erlangung eines einwandfreien Nitriergutes unerläßlich. Die Wolle wird von einer

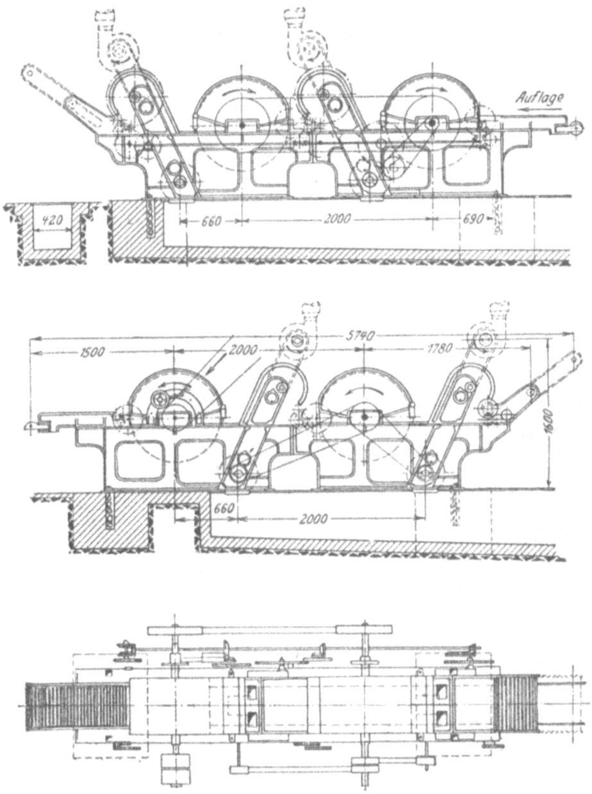

Abb. 2. Reißmaschine mit 2 Tambouren

Fördervorrichtung durch die Einführungszylinder eingeführt, durch den Tambour nach unten gerissen und gleichzeitig von kammartig wirkenden Stiften gekämmt. Der Tambour hat Staubkanäle nach oben und unten und ist an den Ventilator zum Absaugen des Staubes angeschlossen. Das Material verläßt die Maschine aufgelockert auf einem Abführungstisch. Abb. 2 stellt ein Schema einer derartigen Maschine von der Seite gesehen dar, mit zwei Tambouren ausgerüstet. Konstruktion und Arbeitsweise sowie die Unterbringung der Exhaustoren sind hieraus zu ersehen. Auch mit drei oder mehr Tambouren werden diese Maschinen konstruiert, um ein möglichst vollständiges Aufreißen der Baumwolle und Entstauben derselben zu erreichen. (Abb. 3.)

Abb. 3. Reißmaschine mit 3 Tambouren

Abb. 4. Beuchkessel

Abb. 5. Beuchkessel mit Vorwärmer

Die Baumwolle wird nun in sogenannten Beuchkesseln dem Koch- und Waschprozeß unterworfen. Diese Beuchkessel (Abb. 4), meist aus Schmiedeeisen hergestellt, haben durchlochten Doppelboden, der durch ein Steigrohr mit der Oberfläche der einzufüllenden Baumwolle verbunden ist. Die Lauge wird mittels einer Pumpe durch das Steigrohr nach oben gedrückt und rieselt durch eine Brause auf die Baumwolle; darauf nach unten durch die Baumwolle hindurchgesaugt und wieder durch das Steigrohr nach oben gedrückt. Hierdurch ist ein dauerndes Durchlaufen der Lauge durch die Baumwolle zu erzielen bei gleichmäßiger Durchtränkung. Direkter und indirekter Dampf halten die Lauge auf gleichmäßiger Temperatur.

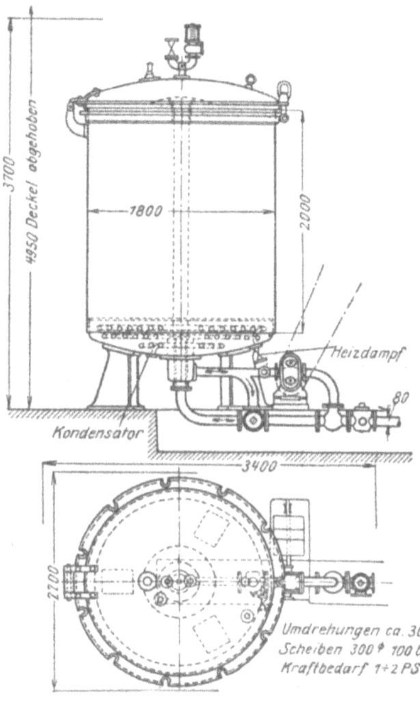

Abb. 6. Beuchkessel

Ein anderes System (Abb. 5 u. 7) ist mit einem Vorwärmer versehen, der zur Erwärmung der Lauge dient. Die Lauge wird angesaugt, durch den Vorwärmer gedrückt und erwärmt und über die im Kessel befindliche Baumwolle gebraust. Nach Füllung des Kessels mit Lauge wird diese durch das Steigrohr abgesaugt und nach Passieren des Vorwärmers von unten nach oben durch die Baumwolle gedrückt. Diese beiden Vorgänge: 1. Einsaugen der Lauge von oben, Absaugen nach unten, 2. Einführen von unten, Absaugen nach oben, werden wechselseitig zirka 2 Stunden durchgeführt und dann die Lauge erneuert. Nach mehrmaligem, genügendem Kochen unter Zusatz von Alkali wird die Baumwolle in Wasser gewaschen.

Nach einer dritten Methode wird die Waschung und das Kochen in doppelwandigen Kesseln durchgeführt, deren innere 2. Wandungen aus perforiertem Eisenblech bestehen. Die Lauge wird hier in dem Zwischen-

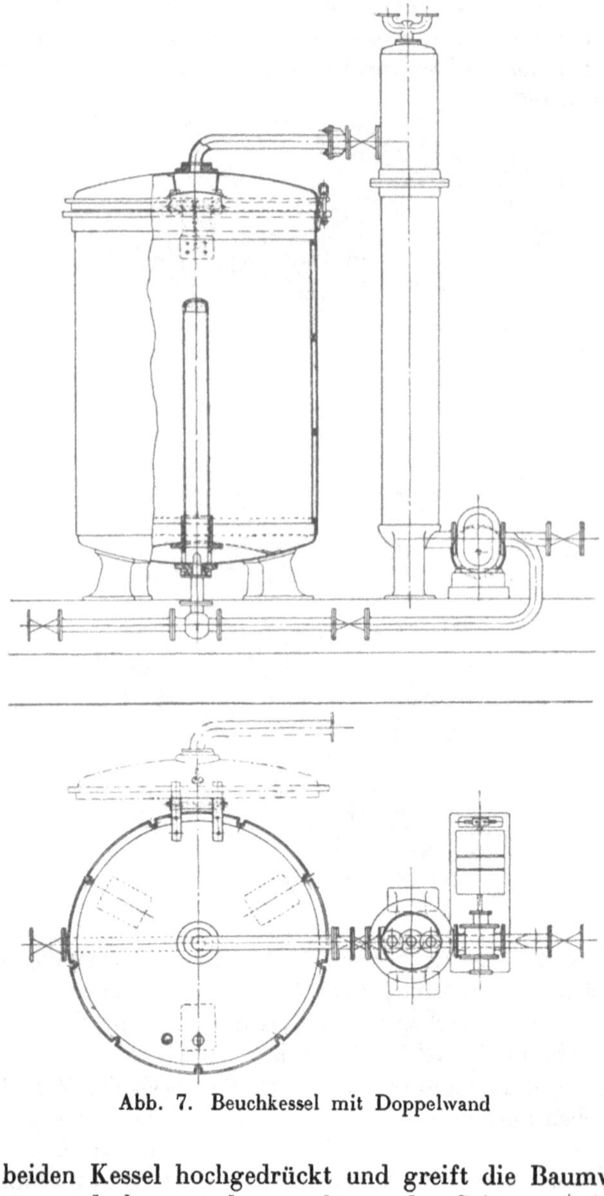

Abb. 7. Beuchkessel mit Doppelwand

raum der beiden Kessel hochgedrückt und greift die Baumwolle nicht nur von unten und oben, sondern auch von den Seiten an. Abb. 7 stellt einen solchen Kessel dar.

Nach genügendem Kochen mit Alkali wird die Wolle bis zur neutralen Reaktion gewaschen und gebleicht. Das Bleichen erfolgt in Bleichbottichen oder Kufen. Die Bleichbottiche sind ähnlich eingerichtet wie die Bleichkessel, jedoch aus Holz oder säurefesten Metallen hergestellt. Abb. 8 und 9 stellen einen runden Bleichbottich aus Holz mit perforierter Holzdoppelwand dar. Die Zufuhr der Bleichflüssigkeit erfolgt mittels einer Pumpe, welche die Bleichlösung von oben auf die Baumwolle befördert, während gleichzeitig von unten abgesaugt wird. Diese Art der Bleichbottiche bietet Gewähr für gleichmäßige Durchdringung der Baumwolle mit Bleichlösung.

Abb. 8. Bleichbottich

Abb. 10 und 11 stellen einen viereckigen Bleichapparat neuester Konstruktion dar. Dieser ist ebenfalls aus Holz hergestellt, außen stark bewehrt und an der Beschickungsstelle mit Türen versehen. Unten bildet der Behälter den Flottensammelraum, darüber den Bleichraum und oben den Flottenverteilungsraum. Die Pumpe ist aus Phosphorbronze hergestellt und hat Fest- und Losscheibe. Rohrleitungen und Absperrungen sind aus Blei oder auch Eisen innen verbleit hergestellt. Der Säurebehälter mit dem Pumpenanschlußrohr aus Blei macht die Anlage eines gemauerten Säurebehälters entbehrlich. Die Baumwolle wird in Einsetzkästen aus Holz ohne besondere Sorgfalt aufgeschichtet. Die Einsetzkästen werden durch Türen im Bleichraum neben- und übereinander gestellt. Der Bleichbehälter wird bis zum Probierhahn mit der Bleich- bzw. Spülflüssigkeit gefüllt. Die Pumpe befördert die Bleichflüssigkeit im Kreislauf als starken Platzregen auf und durch die Baumwolle. Das Chloren, Säuren und Spülen der lose geschichteten Baumwolle geschieht ohne Umpacken.

Die weitere Bearbeitung, d. h. das restlose Auswaschen der zum Nachbearbeiten verwendeten schwefelsauren Lauge und des Antichlors erfolgt darauf in der Spülmaschine. Abb. 12 u. 13 stellen eine solche ovale und viereckige Wanne dar, in der die Baumwolle bei ständigem Umrühren, sowie Zufluß von frischem und Abfluß von gebrauchtem Wasser, von den letzten Spuren von Chlor und Schwefelsäure nach Möglichkeit befreit wird. Gleichzeitig wird die Wolle durch Quetschen mit einem Rechen vom größten Teil des Wasserüberschusses befreit. Die weitere Prozedur erfolgt nun so, daß entweder durch Durchlaufen von Walzen weitere Feuchtigkeit der Baumwolle entzogen, oder aber in Zentrifugen aus der Baumwolle abgeschleudert wird. Die letztere Bearbeitung ist die am meisten ausgeübte und wird neuerdings vorteilhaft in sogenannten Pendelzentrifugen durchgeführt (Abb. 14 und 15). Diese haben gegenüber den bisherigen

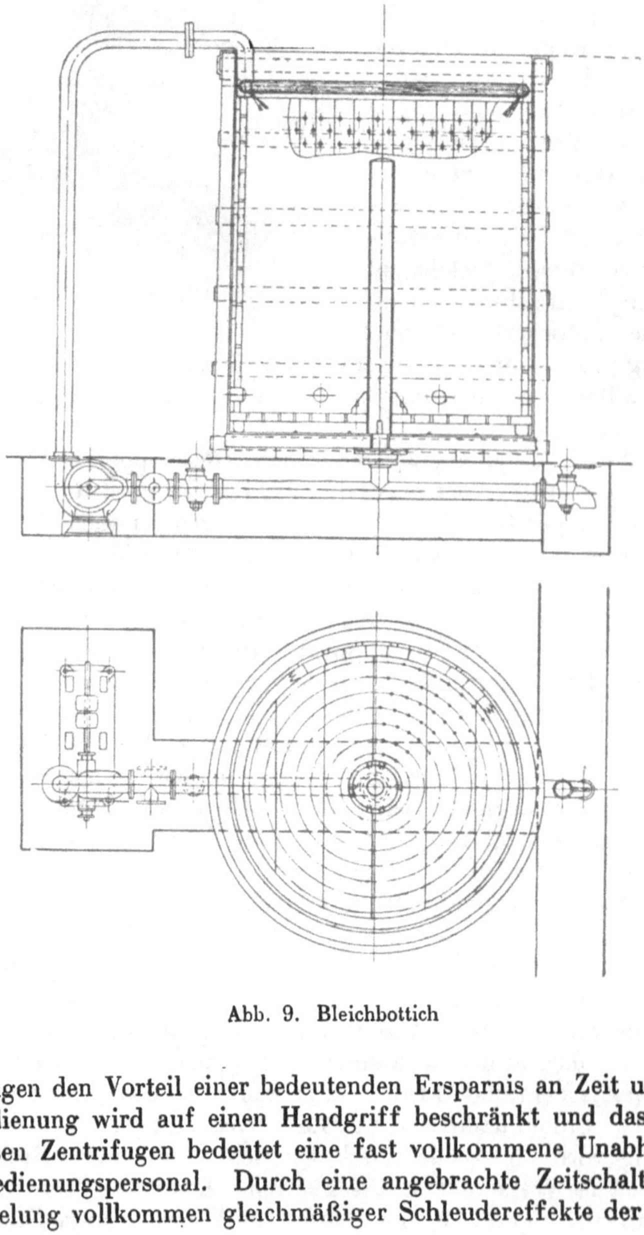

Abb. 9. Bleichbottich

Zentrifugen den Vorteil einer bedeutenden Ersparnis an Zeit und Kraft. Die Bedienung wird auf einen Handgriff beschränkt und das Arbeiten mit diesen Zentrifugen bedeutet eine fast vollkommene Unabhängigkeit vom Bedienungspersonal. Durch eine angebrachte Zeitschaltung wird die Erzielung vollkommen gleichmäßiger Schleudereffekte der einzelnen

Schleuderpartien gewährleistet, was für die nachfolgende Fertigtrocknung von größter Wichtigkeit ist.

Die unter Abb. 16 und 17 abgebildeten Diagramme geben das auffallend günstige Resultat dieser neuen Konstruktion wieder.

Beim Verlassen der Zentrifugen enthält die Baumwolle noch zirka 30 % Feuchtigkeit. Zum Versand und zur Lagerung muß dieser Satz noch auf

Abb. 10. Bleichapparat
Krantz, Aachen

5—8 % herabgesetzt werden. Dies erfolgt in der Weise, daß die Baumwolle nunmehr Trockenapparate, die mehr oder weniger automatisch eingerichtet sind, und als Langsam- oder Schnelltrockner arbeiten, passiert. Es sind dies dieselben Apparate, wie sie im Kapitel „Trocknen der Baumwolle" (siehe dieses) beschrieben werden.

Der vorgezeichnete Weg der Verarbeitung der Baumwolle ist heute noch in kleineren und mittelgroßen Betrieben üblich. Er erlaubt ein gutes, gediegenes Vorbereiten der Baumwolle und eine individuelle Bearbeitung je nach der Qualität und der Beschaffenheit des vorliegenden Materials. Die Methode empfiehlt sich überall dort, wo die einzelnen Nitrierchargen von nicht zu großem Umfange, je nach den Anforderungen an die Weiterverarbeitung unterschiedlich sein müssen. In Großbetrieben verwendet man kombinierte Wasch-, Bleich- und Trockenanlagen, wie sie unter dem

Abb. 11. Bleichapparat
Krantz, Aachen

Namen Leviathan - Woll - Wasch - und Trockenanlagen bekannt sind (Abbildungen 18, 19, 20, siehe Tafeln).

In dieser geschieht das Waschen durch langsames Bewegen der Baumwolle in großen Bädern und Ausquetschen des Materials in breiten Schichten. Die Baumwolle wird dadurch sehr geschont. Schmutz und Schaum werden von jeder Abquetschwalze gesondert aufgefangen und abgeleitet. Die Bäder ergänzen, auffrischen und reinigen sich selbsttätig. Der Betrieb geht völlig automatisch vor sich. Die Baumwolle wird aus der Reiß- und Entstaubungsmaschine durch Förderband oder Exhaustor zur Waschmaschine befördert und durchläuft hier in fünf oder mehr hintereinander geschalteten Waschmaschinen verschieden eingestellte Alkali-, Bleich-, Entchlorungs- und Reinigungsbäder.

Abb. 12. Spülholländer
Krantz, Aachen

Zwischen jeder Wanne sind Quetschwalzen eingeschaltet, die die Baumwolle vor Aufnahme des neuen Bades durch Passieren der Walze jeweils von der Lösung des vorhergehenden Bades möglichst befreien.

Abb. 13. Viereckige Spülwanne
Krantz, Aachen

Die Durchlaufgeschwindigkeit kann natürlich verschieden eingestellt und je nach Bedarf reguliert werden. Zum Schluß durchläuft die Baumwolle weiterhin automatisch einen Trockenapparat, in dem das Trocknen in vollkommener Weise durch im Gegenstrom kreisende Luftströme mit abgestuften, dem jeweiligen Trockengrad der Baumwolle angepaßten Temperaturen erfolgt.

Die getrocknete Baumwolle kann im Anschluß an das Trocknen selbsttätig durch einen Druckluftförderer nach den im Lager- oder Kühlraum bestimmten Stellen geblasen werden. Diese Einrichtung stellt das bisher Vollkommenste dieser Art dar.

Abb. 14. Pendelzentrifuge
Krantz, Aachen

f) Anforderungen an die Baumwolle zur Herstellung von Kollodiumwolle.

Die Baumwolle muß folgende Eigenschaften haben:

1. sie muß rein sein und darf keine Verunreinigungen wie Sand, Staub, Samenkapseln, Papier usw. aufweisen;
2. helle, leuchtende, weiße Farbe haben;
3. sehr locker sein; Knoten, Bündel, hartgepreßte Teile, halbgelöste Wollen sind zu vermeiden;
4. möglichst lange Fasern aufweisen;
5. einen Feuchtigkeitsgrad unter 1 % haben;
6. der Fettgehalt darf höchstens 0,2 % betragen;

7. der Aschegehalt 0,3 %, nicht höher sein;
8. der Holzgummigehalt unter 1 %;
9. Chlorgehalt nur geringe Spuren.

Eine vielfach angewandte Probe ist die, daß man zirka 1 g Baumwolle mit den Fingern leicht zusammendrückt und auf Mischsäure wirft. Sie soll innerhalb von 2 Minuten untersinken. Doch ergibt diese Probe kein einwandfreies Resultat, da aus demselben Baumwollballen häufig eine Anzahl Muster diese Probe bestehen, andere wieder nicht.

Abb. 15. Pendelzentrifuge
Haubold, Chemnitz

Exakter ist, eine Probenitrierung vorzunehmen, wobei die Wolle weder Neigung zum Breiigwerden noch zur Zersetzung (Abrauchen) zeigen darf. Die Gebrüder Martin G. m. b. H., Köln-Mülheim, bietet Baumwolle resp. Linters mit folgenden Eigenschaften an:

Sodalöslich	5 %
Aschegehalt	0,2 %
Fettgehalt	0,2 %
unlöslich in Schwefelsäure	0,3 %
Eisen	0,008 %
Alphazellulose	98,5 % mindestens

Für die gewöhnlichen Zwecke mit Ausnahme der besonders niedrigviskosen Nitrozellulosen kommen mittel- bis ziemlich hochviskose Linters in Frage. Die Viskosität kann allerdings auch noch und wird vielfach in gewissen Grenzen während der Nitrierung oder durch Kochen unter Druck nach der Nitrierung beeinflußt. Es ist jedoch zweckmäßig, bereits vor der Nitrierung die Baumwollen mit entsprechender Viskosität auszusuchen. Für Zelluloid kommt eine Linterssorte von mittlerer bis hoher

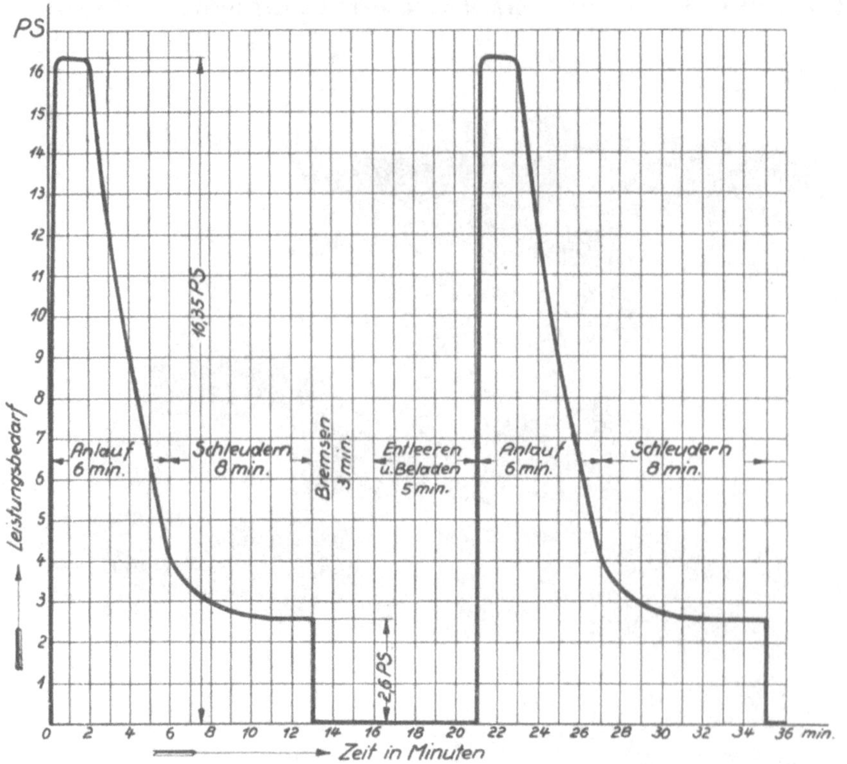

Abb. 16. Diagramm der gewöhnlichen Zentrifuge

Viskosität in Frage. Bei Kunstleder oder wenn ein kräftiger, elastischer Film verlangt wird, wird nur hochviskose Wolle verwendet, desgleichen für die Herstellung photographischer Filme. Außerdem wird bei letzteren noch besonders reinliche und schöne weiße Farbe verlangt.

2. Zellstoff.

Zellstoff, aus Holzzellulose hergestellt, wird zur Erzeugung von Kollodiumwolle bereits seit Jahren anstatt der Baumwolle z. T. gebraucht. Zur Erzeugung von Nitrozellulose wurde Holzzellulose zuerst in Deutschland angewandt, und zwar während des Weltkrieges, als man sie zur Her-

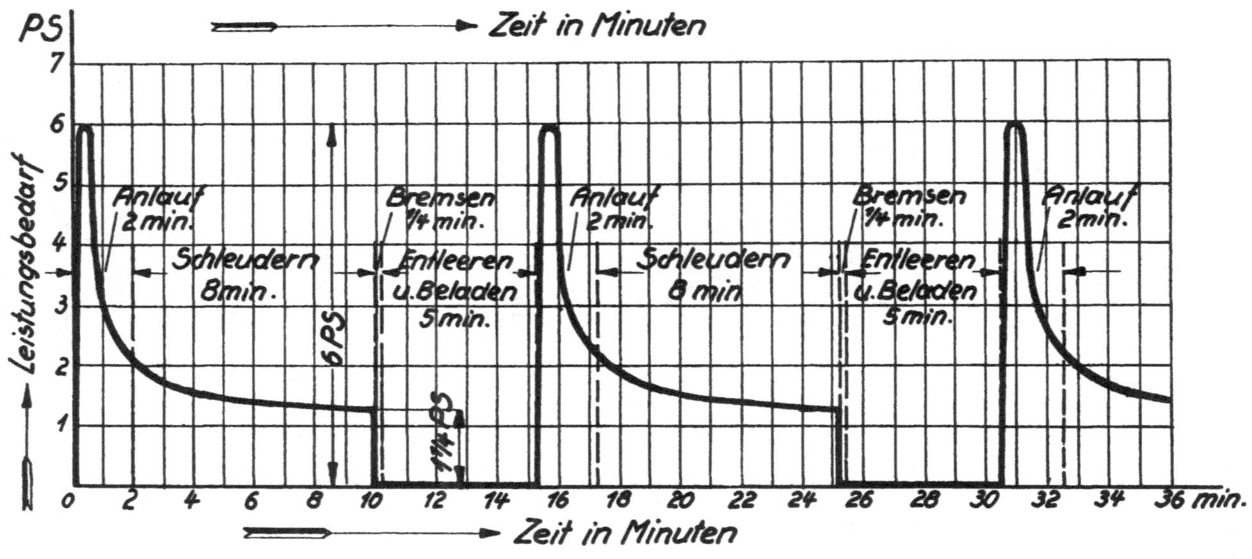

Abb. 17. Diagramm der Pendelzentrifuge
Krantz, Aachen

stellung des rauchlosen Pulvers statt der fehlenden Baumwolle verwenden mußte. Das Verfahren wurde schon damals technisch auf eine ziemliche Höhe gebracht. Nach dem Kriege wurde dasselbe mehr nach der wissenschaftlichen Seite hin erforscht und besonders die Arbeiten von Akopasi, Schalbe und Hagglurt sind bemerkenswert. Allerdings enthält die Holzzellulose, einerlei ob im Sulfit- oder Natronverfahren bereitet, zum Unterschied von der Baumwollzellulose eine Reihe von Beimischungen, die ein großes Hindernis für ihre allgemeine Verwendung als Ersatz für Baumwolle bildeten. Zu diesen Beimischungen der Holzzellulose gehören außer Lignin, Pentosan, Teer und Fettstoffen auch die bei der Herstellung von Zellulose leicht entstehende Oxyzellulose. In einer gut gebleichten Zellulose ist das Lignin völlig beseitigt. Ein Aschegehalt von 0,2—0,3 % bietet für die Herstellung einer guten Kollodiumwolle aus Zellstoff kein Hindernis. Schwieriger ist die Entfernung des Pentosan. Man hat zur Austreibung des Pentosan mehrere Verfahren vorgeschlagen. Häuser und Hauck empfehlen ein Verfahren, wonach beim Erwärmen 6 % Ätznatronlösung angewandt wird. Lenze, Lieur und Müller bearbeiten die Zellulose im Kaltverfahren mit einer 17 %igen Ätznatronlösung. Gegenwärtig ist die Frage der Verarbeitung der Holzzellulose zu Nitrocellulose aus dem Stadium der Versuche herausgekommen und eine Anzahl Nitrozellulose-Fabriken verwenden zur Herstellung bestimmter Qualitäten von Kollodiumwolle nur noch Holzzellulose.

a) Ausgangsmaterial der Nitrier-Holzzellstoffe.

Nach Schwalbe ist Fichtenholz (spruce) fast das ausschließliche Rohmaterial für die Herstellung von Nitrier-Holzzellstoffen. Derartiges Holz soll engringig gewachsen sein, weil schwammiges Holz infolge unterschiedlicher Zusammensetzung von Frühjahrs- und Herbstholz Zellstoffe ergibt, die neben normal gekochter Zellulose auch überkochte, aus dem schwammigen Holz stammende Zellulose enthalten, demnach ungleichmäßig zusammengesetzt sind und große Verluste bei der Reinigung bedingen. Das Holz muß gut abgelagert sein, weil sich sonst das Harz und Fett zu größeren Partikeln zusammenballt, die im Papier ungleichmäßig verteilt, Anlaß zur Oxydation und damit zur Temperaturerhöhung (Ausbrennen der Töpfe) geben können.

Das Kiefernholz wird, da es nur mit Hilfe von Alkali aufgeschlossen werden kann und alkalisch gekochte Zellstoffe sehr viel Holzgummi enthalten, fast gar nicht zur Fabrikation von Nitrier-Holzzellstoffen verwendet. Im Weltkriege hat man jedoch bei geringeren Ansprüchen an die Beständigkeit der Nitrozellulose und geringerer Rücksichtnahme auf übermäßigen Salpetersäure-Verbrauch mit Erfolg Natronzellstoffe aus Kiefernholz in großem Maßstabe verarbeitet. Es ist jedoch durchaus möglich, daß bei günstiger Preisstellung die Kiefernzellstoffe

Bedeutung für die Nitrozellulose-Herstellung in Zukunft gewinnen können, insbesondere für die Vereinigten Staaten, die bei zunehmendem Mangel an Spruceholz wohl die Herstellung von Zellstoff aus Kiefernholz in den Südstaaten der Union notgedrungen entwickeln müssen.

Die Aspe oder Pappel liefert sehr saugfähige und reine Zellstoffe, die aber infolge ihres manchmal hohen Holzgummigehaltes zuweilen viel Salpetersäure bei der Nitrierung erfordern.

Das gleiche gilt von Nitrierzellstoffen, die aus Stroharten, insbesondere aus Getreidestroh hergestellt werden. Die Stroharten werden in der Propagandaliteratur für das De Vains-Verfahren (Chloraufschluß von Stroh) als besonders geeignet für diesen Zweck empfohlen. Über sichere Erfolge, die bei der Herstellung von Nitrozellulose erzielt wurden, liegen Angaben nicht vor.

b) Herstellungsverfahren für die Nitrier-Holzzellstoffe.

Die Fichtenholzzellstoffe werden nach dem Kalziumbisulfit-Verfahren mit direktem Dampf nach Ritter-Kellner oder mit direktem und indirektem Dampf erkocht. Die Kochverfahren für edle Zellstoffe werden geheim gehalten. Der Grundgedanke der Abänderungen ist, durch genaue Regulierung von Temperatur, Druck und Säurestärke eine Hydrolyse der Zellulose zu vermeiden und andererseits für möglichst weitgehende Entfernung der Inkrusten zu sorgen. Zusätze zur Kochflüssigkeit wie Natriumazetat, Natriumphänolat[1]) werden empfohlen, scheinen aber mit Rücksicht auf Kosten und die Umständlichkeit im Gebrauch nicht verwendet zu werden. Die Kiefernholzzellstoffe wurden und werden mit Ätznatronlösung oder mit Gemischen von Ätznatron- und Schwefelnatriumlösung gekocht (Sulfatzellstoffe). Durch Zusatz von Natriumsulfit[2]) soll man die Zusammensetzung der entstehenden Zellstoffe günstig beeinflussen und höhere Ausbeuten erzielen können.

c) Chemische Zusammensetzung der Holzzellstoffe.

Ein guter Nitrier-Holzzellstoff hat etwa folgende Zusammensetzung:

Asche	0,3 %
Harzfett	0,2 %
Lignin	Spuren
α-Zellulose	98,00 %
Pentosan (Holzgummi)	1,5 %

Die Aspen-Zellstoffe pflegen etwas mehr Holzgummi zu enthalten. Bei Natronzellstoff ist der Holzgummigehalt noch höher und kann je

1) D. R. P. 336 535.
2) D. R. P. 309 181 u. a. m.

nach dem Kochverfahren zwischen 5—15 % betragen. Bei Strohzellstoffen steigt der Holzgummigehalt bis auf 20 %.

Aus der oben mitgeteilten Analyse lassen sich nicht alle in den Holzzellstoffen enthaltenen Verunreinigungen erkennen, da gewisse dieser Verunreinigungen nicht quantitativ bestimmbar sind. An Verunreinigungen enthalten die Holzzellstoffe etwa folgende: Hemizellulosen (Hexosan, Pentosan, im wesentlichen Holzgummi) sind Anhydrierungspunkte gewisser Zuckerarten, die im Holz, dem Ausgangsmaterial der Nitrierzellstoffe, schon vorgebildet sind. Von weiteren sogenannten Inkrusten sind zu nennen die im Herstellungsverfahren entstandenen Abbauprodukte, nämlich die sogenannten Zellulosedextrine, die Hydro- und Oxyzellulosen. Sie verdanken ihre Entstehung der bei der Druckkochung nicht ganz vermeidbaren Hydrolyse (Hydrozellulose) und der Überoxydation bei der Bleiche (Oxyzellulose). Zellulosedextrine sind wohl auch schon im Ausgangsmaterial, dem Holz, enthalten. Von der verholzenden Materie sind in gut gekochten Holzzellstoffen Beträge von etwa 3—5 % enthalten. Bei gebleichten Nitrierzellstoffen geht die Menge, wie die obige Analyse zeigt, bis auf Spuren zurück. Die Nitrierholzzellstoffe enthalten endlich ein Harzfettgemisch, das sehr ungleichmäßig im Zellstoff und dem daraus hergestellten Papier verteilt sein kann und, wie schon erwähnt, bei der Nitrierung durch Oxydation Schwierigkeiten schafft, ferner Spuren von natürlichen Farbstoffen von gelber und grauer Tönung. Die Aschemenge der Nitrierzellstoffe kann in verhältnismäßig weiten Grenzen schwanken. Ein niedriger Aschegehalt deutet auf gute Reinigung und Abwesenheit größerer Mengen der anderen Inkrusten hin. Bei der Lieferung von Nitrierholzzellstoffen werden häufig 0,5 % Harzfettgehalt, 1 % Asche und 2 % Pentosan (Holzgummi) als Grenze verlangt. Bezüglich des Holzgummigehaltes ist diese Forderung nur sehr schwer zu erfüllen, da es, wie später ausgeführt wird, an bequemen Methoden zur Entfernung des Holzgummis fehlt. Von ausschlaggebender Bedeutung für die Güte eines Nitrierholzzellstoffes ist der Gehalt an sogenannter α-Zellulose (vgl. obige Analyse). Der α-Zellulosewert drückt diejenige Menge Zellulose aus, welche bei der Verarbeitung allein von Wert ist. Die übrigen Bestandteile verschwinden größtenteils im Nitrierprozeß bzw. verbleiben, wie z. B. nitrierter Holzgummi, als eine lästige Verunreinigung in den Nitrozellulosen.

d) Einfluß der Inkrusten auf die Eigenschaften der Nitrozellulosen.

Der Holzgummigehalt der Nitrier-Holzzellstoffe bedingt Schwierigkeiten bei der Stabilisierung der Nitrozellulosen, verringert die Viskosität, die Beständigkeit und die Klarheit der Lösungen, vergrößert außerdem den Salpetersäureverbrauch bei der Nitrierung. Die sogenannten Abbauprodukte (Zellulosedextrine, Hydrozellulosen und Oxyzellulosen) erschweren ebenfalls die Stabilisierung und verringern die Beständigkeit der Nitrozellulose und die Viskosität ihrer Lösungen. Das gleiche gilt von dem Lignin sowie vom Harz und Fett.

e) Physikalische Eigenschaften der Nitrier-Holzzellstoffe.

Für die zahlenmäßige Bewertung der physikalischen Eigenschaften der Nitrier-Holzzellstoffe fehlt es noch an geeigneten Methoden. Es muß aber darauf hingewiesen werden, daß diese physikalischen Eigenschaften von sehr erheblicher Bedeutung für die Güte der Nitrier-Holzzellstoffe sind. Die Nitrier-Holzzellstoffe müssen eine gute Netzbarkeit besitzen. Sie müssen von der Nitriersäure fast momentan durchdrungen werden. Sie sollen eine gewisse, aber nicht zu große Quellbarkeit besitzen, letzteres nur dann, wenn man niedrigviskose Nitrier-Zellstoffe erzielen will, weil stark gequollene Zellulosen Nitrozellulosen von geringerer Viskosität der daraus hergestellten Lösungen ergeben. Der Grad der Quellung bedingt auch die chemische Reaktionsfähigkeit der Nitrozellulosen, das Durchnitrieren und voraussichtlich auch die Gleichmäßigkeit der Nitrierung in allen Faserteilen. Die chemische Reaktionsfähigkeit bzw. die Quellung wird beeinflußt durch die Art der Kochung, durch die Art der Reinigung, durch die Trockentemperatur und Trockenzeit, durch das Alter des Ausgangsmaterials (Holz) und das Alter des Zellstoffes.

f) Einwirkung der chemischen Agenzien auf die Inkrusten der Holzzellstoffe.

Die Alkalien vermögen Holzgummi zu lösen. Ihr Lösevermögen hängt ab von der Konzentration. Eine weitgehende Entfernung des Holzgummis durch Alkalien wird erschwert durch den Umstand, daß mit Zunahme des Holzgummigehaltes der Lösungen die Lösefähigkeit des Ätznatrons für Holzgummi stark abnimmt. Die Alkalien sind auch nicht ohne Nebenwirkung auf die α-Zellulose. Sie hydrolysieren und lösen diese. Bei stärkeren Konzentrationen bewirken sie auch eine Quellung der Zellulose in höherem Grade und eine Verminderung der Viskosität. Endlich wirkt bei Gegenwart von Alkalien der Luftsauerstoff schädlich auf die Zellulose ein (Oxyzellulosebildung). Die Alkalien lösen auch die Abbauprodukte der Zellulose, ferner Harz- und Fettbestandteile. Bei letzteren ist allerdings die Wirkung abhängig von der Art und dem Alter des Harzes. Die Emulgierfähigkeit der Harze und Fette nimmt mit dem Alter stark ab. Die schädlichen Nebenwirkungen der Alkalien treten nicht auf bei den Erdalkalien. Diese lösen im wesentlichen die Abbauprodukte und etwas Holzgummi, üben jedoch auf die α-Zellulose eine schädliche Wirkung in irgendwelcher Richtung nicht aus.

Die Mineralsäuren (Salzsäure, Schwefelsäure) vermögen auch den Holzgummi zu lösen, jedoch ist ihre Einwirkung auf die Zellulosen derart merkbar, daß sie nicht geeignet für die Holzgummi-Entfernung sind, mit Ausnahme der schwefligen Säure, welche, aufgelöst in einer Kalziumbisulfit-Lösung, vorzügliches Lösevermögen für Pentosane besitzt, aber auch zu erheblichen Stoffverlusten Anlaß gibt, weil die Auflösung von Zellulose nicht vermieden werden kann. Bei der Lösung des Holzgummis spielen gewisse Salze eine spezifische Rolle. Die Neutralsulfite (Natriumsulfit und Magnesiumsulfit) lösen den weitaus größten Teil des vorhandenen Pentosans, jedoch sind auch hier die Faserverluste durch Auflösung recht beträchtlich. Kalziumsulfit wirkt trotz seiner Unlöslichkeit in Wasser bei inniger Imprägnierung der Faser lösend auf den Holzgummi ein, ohne die Zellulose auflösen zu können.

Die Oxydationsmittel wie Chlor, Hypochlorit, salpetrige Säure, Peroxyde und Permanganat zerstören in erster Linie das Lignin und die kleinen Mengen der vorhandenen Farbstoffe und verwandeln einen Teil der Abbauprodukte und des Holzgummis in lösliche Stoffe, haben also eine erhebliche reinigende Wirkung, müssen jedoch mit großer Vorsicht angewendet werden, damit nicht erneute Oxydation der α-Zellulose vor sich geht.

g) Reinigungsverfahren.

Für geringwertige Sorten von Zelluloid sowie billige Nitrolacke und „Plastiks" wie Lonarit, Trolit, Zellureth ist eine Bleiche unnötig. Da die Mengen der Farbstoffe sehr unbedeutend sind, spielen sie im übrigen als Verunreinigungen keine große Rolle, sondern beeinflussen nur die Farbe. Werden ungebleichte Holzzellstoffe mit 0,5%iger Soda- oder Ätznatronlösung unter Druck gekocht[1]), so geht ein Teil der Abbauprodukte und ein Teil des Holzgummis in Lösung, ebenso werden Harz und Fett gelöst bzw. emulgiert, soweit sie zur Emulgierung noch fähig sind. Ein Zusatz zum Emulgierungsmittel (Türkischrotöl usw.) ist zu empfehlen.

Eine energischere Einwirkung von Alkalien findet statt, wenn die Konzentration der Alkalilösung auf etwa 4—5 % vergrößert und in hoher Stoffdichte gearbeitet wird[2]). Das Verfahren wird im Kugel- oder Sturzkocher oder im Kollergang[3]) ausgeführt, wobei die mechanische Be-

---

1) D. R. P. 219 085 Kl. 29.
2) D. R. P. 302 523 Kl. 55b, D. R. P. 395 957 Kl. 55b.
3) D. R. P. 379 771 Kl. 29b.

wegung und Bearbeitung des Fasermaterials eine wesentliche Rolle spielen sollen. Das Verfahren dürfte gegenwärtig nicht mehr ausgeübt werden. Es hat sich als zu schwierig erwiesen, schädliche Nebenwirkungen der hohen Alkalikonzentration, insbesondere die leicht eintretende Oxydation und zu große Quellung mit voller Betriebssicherheit zu verhüten.

Die Wirkung der Alkalien ist mit derjenigen des oxydierenden Chlors vielfach kombiniert worden. Neben dem ältesten Verfahren der Bleiche feuchter Pappen in einer mit Chlorgas gefüllten Kammer kommt das Verfahren der Bleiche mit Chlorwasser mit nachfolgender Alkalibehandlung, Wäsche und schließlicher Chlorkalkbleiche in Betracht[1]). Das Verfahren hat eine Veränderung derart erfahren, daß der mit Alkali versetzte Zellstoff im Bleichholländer mit Chlorgas behandelt wird[2]).

Der Ersatz der, wie oben erörtert, die Faser angreifenden Alkalien durch Kalk[3]) mit nachfolgender Säurebehandlung und Bleiche mit Natriumhypochlorit wird anscheinend in Rücksicht auf ein weiteres, unten beschriebenes Verfahren nicht mehr ausgeübt. Die Wirkung von Alkali und Oxydationsmitteln ist auch in anderer Weise kombiniert worden, indem man mit stark alkalischen Hypochlorit-Lösungen bleicht[4]).

Die bereits erwähnte spezifische Wirkung der neutralen Sulfite ist ebenfalls mit der Wirkung des Alkali kombiniert worden[5]). Die Reinigungsmethode von Schwalbe mit Hilfe einer Druckkochung der mit Kalziumsulfit imprägnierten Faser ist im Großbetriebe noch nicht erprobt worden.

Gegenwärtig dürfte vielfach mit saurer Kalziumbisulfit-Lösung nachgekocht und im Anschluß daran die oben erwähnte Hypochloritbleiche vorgenommen werden[6]).

Alkalische Oxydationsmittel sind auch Kaliumpermanganat und Natriumperoxyd. Die Wirkung des letzteren wird auf das eifrigste studiert, obwohl der hohe Preis Bedenken bezüglich der Wirtschaftlichkeit hervorrufen muß.

Bei der vorstehend beschriebenen Bleichoperation kommt es außerordentlich darauf an, die Bleiche so zu führen, daß nicht während der Bleiche Hydrolyse und Oxydation statthaben. Auch ist möglichste Beschleunigung der Bleiche und rascheste Entfernung der ausgebrauchten Bleichbäder ohne Verdünnung durch Waschwasser von ausschlaggebender Bedeutung. Diese von Schwalbe und Wenzl erforschten günstigsten

---

1) D. R. P. K. 89 664 Kl. 55b vom 22. 5. 1924.
2) Schwed. Patent 53 422.
3) D. R. P. 411 304 Kl. 55b.
4) D. R. P. 283 006 Kl. 55c.
5) D. R. P. 405 059 Kl. 55c.
6) Schwalbe D. P. R. 371 507.

Bleichbedingungen sind in zwei Patenten und zugehörigen Anmeldungen[1]) beschrieben.

h) Formgebung der Nitrierzellstoffe.

Die Holzzellstoffe werden für Nitrierzwecke in Form dünnen Papieres von ungefähr 20—30 g qm-Gewicht übergeführt, dann zu Schnitzeln oder höchstens handtellergroßen Stücken zerrissen. Um ein Aufeinanderlegen von Papierstücken zu vermeiden, hat man auch die Kreppung angewendet. Auch ist durch Wasserstrahlen die Papierbahn auf dem Sieb der Papiermaschine in rautenförmige Stücke zerlegt worden, was das Zerreißen erleichtert. Man hat auch versucht, die lose gearbeiteten Pappen oder Zentrifugenkuchen mechanisch in Flocken zu zerlegen. Weiter ist versucht worden, Zellstoffbrei durch Zerstäuben in einem mit heißer Luft gefüllten Raum in Flockenform überzuführen. Die Nitrierung dürfte aber in den allermeisten Fällen in der Form des Papiers erfolgen.

Nach einem neueren Verfahren[2]) wird der Zellstoff vorteilhaft in Flockenform verwendet. Flockenförmiger Zellstoff wird danach am besten in der Weise hergestellt, daß man Rohzellstoff, wie er nach dem Kochen oder Bleichen erhalten wird, ungemahlen, jedoch so weit wie möglich durch Schleudern oder Abnutschen oder auf der Pappenmaschine entwässert, vorzerkleinert und dann durch einen Exhaustor, wie er beispielsweise zum Baumwolltransport mittels Luft Verwendung findet, hindurchgeführt, wobei man zweckdienlich die Abgangsblaseleitung mit einem Vorratsbehälter unmittelbar über dem Trockenapparat verbindet. Der Stoff wird durch diese Anordnung zugleich befördert, zerkleinert und gelockert. Um eventuell vorhandene größere Stücke zurückzuhalten, hat man ein sich drehendes oder schüttelndes Sieb hinter den Exhaustor eingebaut. Der vorbeschriebene Weg unterscheidet sich von den obigen Verfahren, bei denen auf dem Umwege über Lösungen ein Gemisch zerkleinerter und gelockerter Zellulose sich ergibt, dadurch, daß er den Zellstoff auf rein mechanische Weise zerteilt, lockert und in einen porösen Stoff überführt, der für die Herstellung von Nitrozellstoffestern, die bekanntlich bei der Reaktion ungelöst bleiben, besonders geeignet ist. Vorteilhafter ist bei diesem Verfahren vor allen Dingen, daß die Zellulose im halbfeuchten Zustand verarbeitet, infolgedessen Staubbildung vermieden wird. Dieses neue Verfahren, von nassem Zellstoff ausgehend, ist einfach und explosionssicher. Es liefert ein flockiges, leicht zu trocknendes, nicht staubendes und beim Nitrieren ohne wesentliche Abbrandgefahr und ohne Verluste verarbeitbares Produkt. Auch gestattet der auf diese Weise hergestellte Stoff bei der Nitrierung und beim Kochen eine

[1]) D. R. P. 405 004 Kl. 55b und D. R. P. 420 684 Kl. 8i.
[2]) D. R. P. 387 685.

bis zu 75 % höhere Füllung der Apparatur bei mindestens gleich günstiger Nitrierung und günstigem Säureverbrauch.

i) Salpetersäure-Verbrauch.

Der Salpetersäure-Verbrauch bei der Nitrierung von Holzzellstoffen ist höher als bei der Nitrierung von Baumwolle. Nach den Feststellungen von Schwalbe und Schrimpff (Zeitschrift für das gesamte Schieß- und Sprengstoffwesen 14, 41, 1919) gehen auf 100 Teile Nitriergut bei Baumwolle 266 Teile Salpetersäure durch Nebenreaktionen oder Anhaften von Säure verloren. Bei Holzzellstoffen steigt diese Menge auf 280—295 Teile. Im Großbetrieb rechnet man, daß für 100 Teile Schießwolle 126 Teile Salpetersäure und 92 Teile Schwefelsäure verbraucht werden. Die entsprechenden Zahlen für Linters sind 110 und 90. Der größere Verlust bei Zellstoffen ist hauptsächlich dadurch bedingt, daß beim Abzentrifugieren größere Säuremengen am Nitriergut haften bleiben. Holzzellstoff ist auch schon vor der Nitrierung voluminöser als Baumwolle. Die Nitriergefäße nehmen etwa $^1/_{10}$ weniger Holzzellstoff als Baumwolle auf.

k) Ausbeuten.

Nach den Angaben der obengenannten Autoren werden bei der Nitrierung in Papierform bei Herstellung der Nitrozellulose mit 13,2 % Stickstoff aus 100 Teilen Ausgangsmaterial folgende Mengen erhalten:

Baumwolle	158 Teile
Holzzellstoff-Nitrierpapier	150 ,,
Ritter-Kellner-Zellstoff, gebleicht . .	130 ,,
Aspe, gebleicht	118 ,,
Natronzellstoff, ungebleicht	143 ,,

Nach Rassow und Dörr (Journal für praktische Chemie 108, 172, 1925) werden bei Herstellung einer Nitrozellulose mit 10,5 % Stickstoffgehalt aus 100 Teilen Ausgangsmaterial folgende Mengen an Nitriergut erhalten:

Baumwolle	144,1 Teile
Edelzellstoff	143,5 ,,
Ritter-Kellner-Zellstoff, gebleicht . .	137 ,,
Strohzellstoff	104,3 ,,

Bei Herstellung einer Nitrozellulose mit 13,5 % Stickstoff wurden erhalten:

Baumwolle	173,5 Teile
Stroh	155,1 ,,
Ritter-Kellner-Zellstoff, gebleicht . .	169,9 ,,

Im Großbetrieb werden an Nitrozellulose mit 12 % Stickstoff ungefähr 105—115 Teile aus Holzzellstoff gegen 120—135 Teile aus Linters erhalten.

3. Chemische Untersuchung der Zellulose.

Die Untersuchung der Zellulose bezieht sich auf

1. Feuchtigkeit,
2. Asche,
3. Fett und Wachs,
4. Holzgummi,
5. Chlor,
6. Oxyzellulose,
7. Hydrozellulose,
8. Alphazellulose.

Die Untersuchung wird in folgender Weise vorgenommen:

1. Feuchtigkeit. Es werden 3—4 g Zellulose, Baumwolle oder Zellstoff mit gut gelockerter Faser im Wägegläschen bei 100° im offenen Glasschränkchen 10 Stunden getrocknet, darauf im Exsikkator erkalten gelassen und gewogen. Auch das Abwiegen der trockenen Zellulose muß im geschlossenen Glas erfolgen, um ein Ansaugen der Feuchtigkeit aus der Luft durch die außerordentlich hydroskopische Zellulose vor Festlegung des Resultats zu vermeiden.

2. Asche. In gewogener Platinschale werden 10 g getrockneter Zellulose vorsichtig verbrannt und bis zum konstanten Gewicht geglüht. Nach Schwalbe setzt man, um eine völlige Verbrennung zu erzielen, eine 3%ige Merck'sche reine Wasserstoffsuperoxyd-Lösung zu. Diese wird abgedampft und darauf die trockene Wolle geglüht, gekühlt und gewogen.

3. Fett und Wachs. Im Soxhlet-Apparat werden 10 g lufttrockene Fasern 4—6 Stunden lang mit reinem Äther extrahiert, der Äther abgedampft und der Rückstand in vorher abgewogenen Kolben durch Wiegen bestimmt. Außer Äther kann auch Alkohol, Alkoholäther oder ein Gemisch von anderen Lösungsmitteln verwendet werden.

4. Holzgummi. 10 g getrocknete Zellulose werden mit 200 ccm 5%iger Natronlauge übergossen. Unter häufigem Durchschütteln bleibt diese Flüssigkeit 24 Stunden mit der Zellulose in Berührung. Daraufhin filtriert man sie von den Fasern ab und mischt 100 ccm des abgezogenen Filtrats mit 200 ccm Alkohol von 92,5 Gewichtsprozenten. Hierauf läßt man zu dieser Mischung noch einen Zusatz eines Tropfens Phenolphtalein und gibt 9½ ccm konzentrierte Salzsäure (spezifisches Gewicht 1,19) hinzu und läßt darauf soviel Normalsalzsäure fließen, bis die Rotfärbung eben verschwunden ist, und fügt dann noch einen Überschuß von 5 ccm Normalsalzsäure hinzu. Nach Stehenlassen dieser Flüssigkeit während 24 Stunden im geschlossenen Gefäß wird der Niederschlag auf einem bei 100° C getrockneten und in einem verschlossenen Wägegläschen gewogenen Filter gesammelt, darauf erst mit Alkohol von 92,5 Gewichts-

prozenten ausgewaschen, dann mit Äthyläther nachgewaschen und bei 100° C getrocknet und gewogen.

5. Chlor. 20 g getrockneter Zellulose werden mit 20 ccm destilliertem chlorfreien Wasser eine Stunde auf 80—90° C erhitzt und filtriert. Darauf wird das Filtrat mit chlorfreier Salpetersäure angesäuert und zum Niederschlag des etwaigen Chlors in der Zellulose einige Tropfen Silbernitrat zugesetzt. Ist in der Zellulose Chlor enthalten, so entsteht eine milchige Trübung, während geringe Spuren von Chlor sich immerhin noch durch schwache Opalisierung bemerkbar machen. Es handelt sich bei der Chlorfeststellung lediglich um den qualitativen Nachweis, da dieser für unsere Bestimmung vollständig genügt.

6. Oxyzellulose. Die in der Zellulose durch die Oxydation entstandene Oxyzellulose wird durch ihre Eigenschaft, Fehlingsche Lösung zu reduzieren, bestimmt. Nach Schwalbe[1]) (Zeitschrift für angewandte Chemie, 1910, S. 924) wird die Menge Kupfer, welche 100 g absolut trockene Zellulose aus Fehlingscher Lösung liefert, Kupferzahl genannt. Man verfährt folgendermaßen: Man bestimmt bei 3 g Zellulose bei 100—105° C die Feuchtigkeit, dann werden 3 g lufttrockene Zellulose mit 300 ccm Wasser angerührt und mit Fehlingscher Lösung 15 Minuten gekocht. Man erhitzt darauf 150 ccm Kupfersulfatlösung und 50 ccm alkalische Seignettesalzlösung zum Sieden, gießt die Kupferlösung zur letzteren und gibt das Gemisch zum Zellulosebrei. Die Fehlingsche Kupferlösung besteht aus

69,278 g	$CuSO_4 + 5\,aq$	in 1 Liter Wasser.
346 g	Seignettesalz	
100 g	Ätznatron	

Vom Eintritt des starken Siedens rechnet man die Kochzeit. Während des Erhitzens muß gerührt werden, da die Flüssigkeit heftig aufstößt. Der Kolben selbst muß mit Rückflußkühler versehen sein. Nach Ablauf der Siedezeit wird durch einen Goochtiegel heiß auf der Saugflasche filtriert und bis zum Verschwinden der Kupferreaktion mit siedendem Wasser ausgewaschen. Darauf wird die auf dem Filter verbleibende Fasermasse gelöst, indem man unter etwa ¼stündigem Erwärmen auf dem Wasserbade in verdünnter Salpetersäure (etwa 30 ccm von 6,5 % HNO_3) das Kupferoxydul auslöst. Darauf wird gefiltert, mit siedendem Wasser völlig ausgewaschen und das Filtrat elektrolysiert. Normale Kupferzahlen sind 0,6—2,0.

7. Hydrozellulose. Schwalbe bestimmte (nach Schrimpff, Nitrozellulose[2]), 1919, S. 30) den Grad der Hydrisierung der Zellulose in der Weise, daß er sie mit 5%iger Schwefelsäure zwei Stunden im Kolben mittels Rückflußkühler erhitzte. Das Kochen erfolgte unter

---

[1]) Zeitschrift für angew. Chemie 1910.

[2]) Schrimpff, Nitrozellulose 1919.

Rührung. Man wendet auf 1 g Zellulose ca. 100 ccm Säure an. Nach genügendem Kochen wird mit 40%iger Natronlauge unter Zusatz von Phenaophtalein neutralisiert, 100 ccm Fehlingsche Lösung zugesetzt und sonst wie bei der Bestimmung der Kupferzahl verfahren. Aus der Differenz zwischen der bei der Oxyzellulosebestimmung ermittelten Kupferzahl und der nach vorstehendem Verfahren ermittelten Kupferzahl besteht die Hydrozellulose.

8. Alphazellulose. Durch Abzug der durch die Untersuchung auf Fett, Holzgummi, Oxy- und Hydrozellulose ermittelten Zahlen von 100 stellt man den prozentualen Gewichtsanteil der Alphazellulose fest.

4. Auswahl der Zellulose: Baumwolle oder Zellstoff.

Wie bereits erwähnt, sind für die Auswahl der Zellulose, der Baumwolle oder des Zellstoffs eine Reihe von Erfahrungen maßgebend, zu deren Festlegung es vielerlei Untersuchungen, Versuchen und praktischer Arbeit bedurft hat. Es gibt heute noch in den praktischen Fabrikationsverfahren vielfach Ergebnisse, deren Gründe wir wohl annehmen, jedoch wissenschaftlich nicht beweisen können.

Es ist eine bekannte Tatsache, daß, obwohl theoretisch Zellulose Zellulose ist, in der Praxis zwischen Baumwollzellulose und Holzstoffzellulose große Unterschiede im Reaktionsprodukt Kollodiumwolle bestehen. Es scheint, daß sowohl bei der Vorbereitung der Zellulose, als auch bei der Nitrierung und der nachherigen Behandlung bei der Stabilisierung und der Bleiche eine Verschiebung der Molekular-Aggregate eintritt, und daß die mehr oder minder große Verschiedenheit der Molekülgruppen einen wesentlichen Einfluß auf die physikalischen und chemischen Eigenschaften der Kollodiumwolle hat. Da von diesen Eigenschaften die Qualität und weitere Verwendbarkeit der Kollodiumwolle abhängt, muß die Auswahl des Rohmaterials mit besonderer Sorgfalt erfolgen.

Die Erfahrungen der letzten zwei Jahrzehnte und insbesondere des letzten Jahrzehnts haben hierin zu einem gewissen Abschluß geführt.

Bestimmend für die Auswahl sind folgende Eigenschaften:

Die Quellfähigkeit der Zellulose, d. h. die Ausdehnung der Zellen bei der Vorbereitung der Zellulose, begründet zum Teil die mehr oder weniger gleichmäßige Nitrierung. Auffallend ist, daß die Holzzellulose hierbei einen größeren Quellungsgrad erreicht als die Baumwollzellulose. Durch die Nachbehandlung beim Stabilisieren ergibt sich aber bei ersterer eine viel leichtere Trennbarkeit der einzelnen Molekül-Aggregate.

Je größer die Molekül-Aggregate, desto höher die Viskosität, je kleiner die Molekül-Aggregate, desto geringer die Viskosität der Kollodiumwolle.

Die Holzzellulosen haben, wie Schrimpff feststellte, einen höheren Prozentsatz an Verunreinigungen.

Er stellte folgende Zahlen fest: (Schrimpff, Nitrozellulose, 1919)

	Asche %	Holzgummi %
A. Sulfitzellstoffe		
Nitrierpapier	0,65	1,5
Zellulose aus Aspenholz	0,45	8,0
Mitscherlich-Zellulose, harte Faser	2,53	5,4
Ritter - Kellner - Zellulose, ungebleicht, mittelfeste Faser	2,13	4,5
dieselbe, weiche Faser	3,22	5,0
dieselbe, feste Faser	3,4	6,5
B. Natronzellstoffe		
Natronzellstoff aus reiner Kiefer, nicht bleichbar	1,23	4,96
derselbe, leicht bleichbar	1,25	5,25
Kraftzellstoff aus reiner Kiefer	2,15	6,03
C. Baumwollzellulose		
Nitrierbaumwolle, kurzfaserig	0,11	0,34
Nitrierbaumwolle, langfaserig	0,11	0,44

Für die Stabilität und den Bleichungsgrad der Kollodiumwolle sind aber diese Verunreinigungen von Nachteil. Die von ihnen absorbierten Stickoxyde lassen sich sehr schwer entfernen und sind die Ursache für die Verminderung der Lagerbeständigkeit der Kollodiumwolle. Die Kollodiumwolle aus diesem Material wird bei normaler Bleiche niemals eine rein weiße Farbe annehmen, sie wird immer einen Stich ins Graue oder Gelbe zeigen. Dies ist aber z. B. zur Herstellung von rein weißen oder transparenten Zelluloid-Qualitäten sehr von Nachteil, der sich auch durch Zusatz von Komplementärfarben nicht beheben läßt. Ferner wird die Lichtbeständigkeit durch obige Verunreinigungen ebenfalls ungünstig beeinflußt.

Wie wir im vorigen Kapitel bereits gesehen haben, ist der Verbrauch an Salpetersäure bei Zellstoff größer als bei Baumwolle.

Ein wesentlicher Faktor ist jedoch: Zelluloid und Filme aus Holzzellstoff-Kollodiumwolle ergeben ein in sich „kurzes“, wenig dehnbares und deshalb nur begrenzt verwendbares Material. Farbe, Lichtechtheit und Schweißbarkeit lassen sehr zu wünschen übrig. Je öfter das Material umgearbeitet wird, desto schlechter wird es in seiner Qualität. Bei zusammengesetzten Materialien wie Elfenbein, Schildpatt, Gestreift, Havanna, neigt es zum Brechen an den Ansatzstellen. Dagegen ergeben Zelluloid und Filme, aus Baumwoll-Kollodiumwolle hergestellt, unter normalen Verhältnissen gutes, dehnbares Material in unbegrenzter Haltbarkeit, große Farb- und Lichtechtheit und gute Schweißfähigkeit. Die Umarbeitung der Abfälle ist zwar auch begrenzt, jedoch in weitem Umfang größer.

Richard Müller kommt (Ullmann-Enzyklopädie III/306) zu dem Resultat, daß als Rohstoff für Zelluloid nur Baumwolle verwandt werden soll. Holzzellstoff, auch nur als Zusatz, verwirft er ganz.

Anders ist jedoch die Beurteilung und Entscheidung bei Kollodiumwolle zur Herstellung von Plastiks wie Isoliermaterialien, formbare Preßmassen (Trolit, Zellureth) sowie einen großen Teil der Lacke, wobei Farbe, Lichtechtheit und Dehnbarkeit gar keine oder keine so große Rolle spielen. Hier ist der Verwendung von Holzzellstoff als Ausgangsmaterial ein weites Feld gewiesen. Auch kommt die günstige Preislage dabei als besonderer Vorteil zur Geltung. Da die Nitrozellulosen hierfür meist in ungebleichtem Zustande verwendet werden, wird auch die Faser des Ausgangsmaterials während der einzelnen Arbeitsprozesse vor, während und nach dem Nitrieren in weit geringerem Ausmaße angegriffen, was bessere Verarbeitungsmöglichkeit und höhere Ausbeute, somit billigeren Preis zur Folge hat.

Zusammenfassend kommen wir also zu folgenden Verwendungsbereichen:

Baumwoll-Zellulose: für Zelluloid, Filme, Nitrolacke; für besonders gute, klare Lösungen wie photographische Kollodiumwolle, Verbundglas nimmt man Baumwollpapier oder Baumwollgarn.

Holzstoff-Zellulose: für Plastiks, formbare Preßmassen (Trolit, Zellureth u. a.), Isolierungsmaterialien, gemischte Lacke, Klebestoff und Kunstleder.

Anforderungen, die an einen brauchbaren Holzzellstoff gestellt werden:

1. möglichst weiße Farbe,
2. frei von Knoten, bei Papierfolien kein Zusatz von Kleb- und Beschwerungsmitteln,
3. gute Netzfähigkeit,
4. Fett- und Harzgehalt unter 0,5 %,
5. Asche unter 1 %,
6. Holzgummi-Pentosangehalt nicht über 2 %,
7. Chlorgehalt nur geringe Spuren,
8. Oxyzellulose-Kupferzahl höchstens 2 %.

Es ist ferner für die Weiterverarbeitung maßgebend der Gehalt an Oxyzellulose. Während bei normal vorbereiteter Baumwolle (Linters) der Gehalt an Oxyzellulose (bestimmt durch die Kupferzahl, s. d.) stets ein geringer ist (0,3—0,6), steigt er bei Holzzellstoff je nach Art des Rohmaterials und des Verfahrens der Herstellung des Zellstoffes bis auf 5—6 der Kupferzahl. Normalerweise soll jedoch die Kupferzahl höchstens 2 betragen, da man bei höheren Werten entsprechend niedriger viskoser Endprodukt bei normaler Nitrierung erhält, wodurch die Verwendungsmöglichkeit naturgemäß noch mehr beschränkt wird.

B. Salpetersäure.

a) Beim Nitrieren entsteht Abfallsäure, die in der Hauptsache aus Schwefel- und weniger Salpetersäure besteht. Um eine günstige Verwendung für diese Abfallsäure zu haben, ist man vielfach dazu übergegangen, die im Betriebe benötigte Salpetersäure selbst herzustellen, da man hierzu auch die entstehende Abfallsäure mitverwenden kann.

b) Zur Herstellung von Salpetersäure bedient man sich heute zum größten Teil des Valentinerverfahrens (Abb. 21, 22 und 22a), welches in einer Vakuumdestillation besteht und in dem Chile- oder Natursalpeter durch Schwefelsäure zersetzt wird. Dieses Verfahren hat eine bedeutende Verbesserung der bis dahin bekannten Verfahren gebracht durch die Abkürzung der Destillationsdauer, besonders jedoch durch die Möglichkeit, solche Temperaturen anzuwenden, bei welchen starke Säuren ohne Zersetzung gewonnen werden können. Die Zersetzung des Salpeters erfolgt nach diesem Verfahren im luftverdünnten Raum. Es stellt Salpetersäure von großer Reinheit auch bei hochgradigen Säuren her; die durch das Vakuum bedingte niedrige Destillationstemperatur verhindert eine stärkere Bildung niederer Stickstoffe; die herabgesetzte Destillationstemperatur bedeutet gleichzeitig eine weitgehende Schonung der Apparate. Es erfolgt zugleich die Reinigung der Säure von Chlor während der Destillation, so daß die gesamte Arbeit in verschieden kontinuierlichen Arbeitsphasen erledigt wird.

Die Gase gelangen durch ein sogenanntes Schutztourill in zwei hintereinander geschaltete Kühlschlangen, von welchen die kondensierte Säure in große Auffanggefäße fließt. Eine dritte Schlange dient als Rückflußkühler zum Kondensieren der in den beiden Hauptschlangen nicht verdichteten Säuren. Das Verfahren ist außerordentlich wirtschaftlich, einfach und leicht zu bedienen; vor allen Dingen stellt es auch keine Belästigungen der Nachbarschaft durch entstehende Dämpfe dar, da letztere bei diesem Verfahren völlig vermieden werden. Bei dem alten Verfahren erfolgte die Fabrikation in der Weise, daß der Salpeter über freiem Feuer in einem gußeisernen, eingemauerten Zylinder erhitzt wird und die Dämpfe durch eine Kondensationsanlage hindurchgeleitet werden. In hintereinander geschalteten Tourills werden die Dämpfe durch Abkühlung verdichtet und die entstandene Säure gesammelt. Die zum Schluß noch abgehenden Destillationsgase leitet man in einen mit Wasser berieselten sogenannten Steuerturm, worin unter gleichzeitigem Einblasen eines Luftstromes die salpetrigen Dämpfe zu Salpeter oxydiert werden, d. h. eine verdünnte Säure gewonnen wird, welche man durch spätere Redestillation

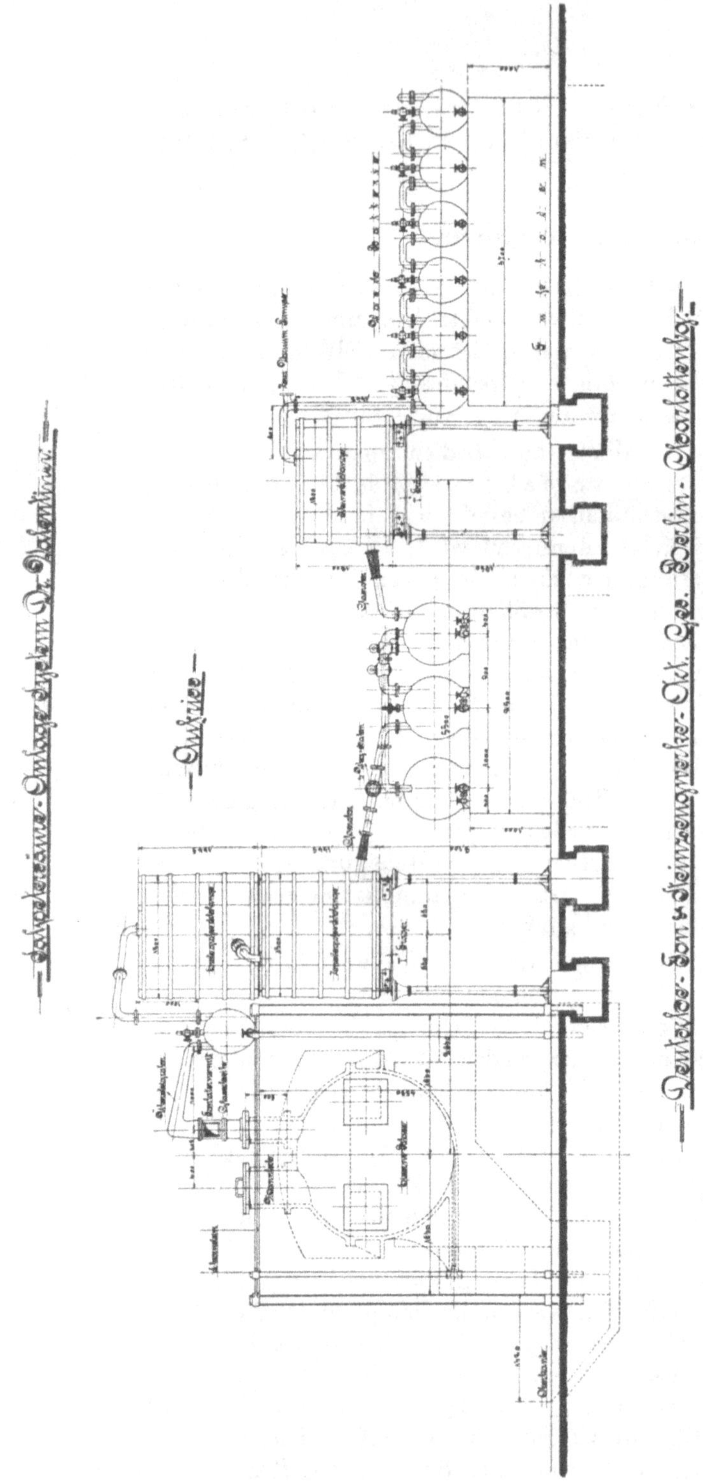

Abb. 22. Valentiner-Anlage

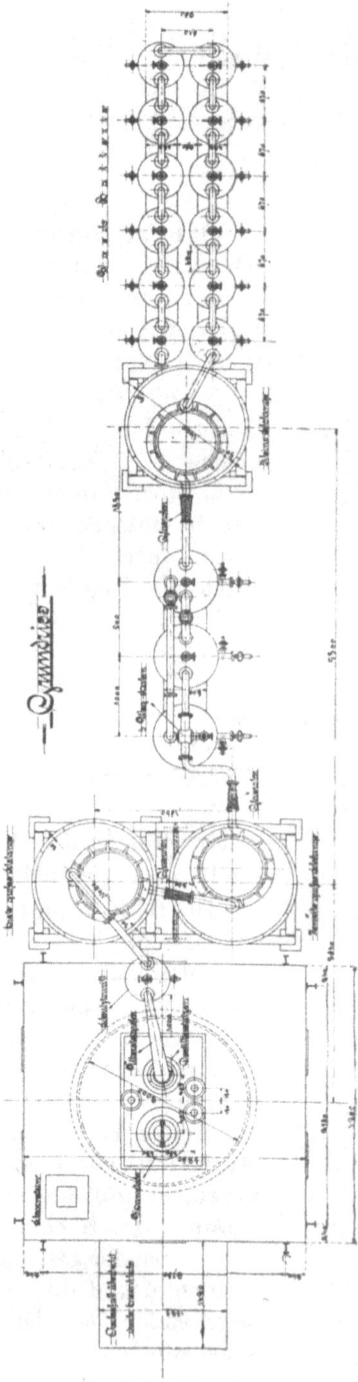

Abb. 21. Valentiner-Anlage

Abb. 22a. Valentiner-Anlage
Deutsche Ton- und Steinzeugwerke A.-G., Charlottenburg

zurückkonzentriert. Als Rest verbleibt in der Retorte Bisulfat, welches man in flüssiger Form durch einen Abblashahn aus der Retorte austreten läßt.

c) Ein weiteres Verfahren ist das von Haber-Bosch, welches auf der Gewinnung des Stickstoffs aus der Luft beruht. Die Gewinnung der Salpetersäure aus der Luft geht auf die Beobachtung zurück, daß durch den die Luft durchschlagenden elektrischen Funken Spuren salpetriger Gase entstehen, welche durch Oxydation in Salpetersäure verwandelt werden können. Die technische Schwierigkeit dieses Verfahrens beruht darauf, daß die Vereinigung von Sauerstoff und Stickstoff außerordentlich hoher Temperaturen bedarf, während die Oxydation des Stickoxyds zu Stickstoffoxyd schon bei relativ niedrigen Temperaturen möglich ist. Das Verfahren wird im großen von verschiedenen Stickstoffabriken ausgeübt.

d) Birkland und Eider haben ein ähnliches Verfahren erprobt, bei dem gegen einen Lichtbogen von 5000 Volt Luft geblasen wird und hierdurch Stickoxyd in Oxydationsräumen unter Abkühlung durch den überschüssigen Sauerstoff zu Stickstoffdioxyd oxydiert werden. Diese werden dann in berieselten Türmen als verdünnte Säuren gewonnen.

Ein weiteres Verfahren ist die Oxydation von Ammoniak zu Salpetersäure durch die Anwendung von Katalysatoren und durch Mischen von Luft bei 600°. Die abziehenden nitrosen Gase werden durch Sodalösungen zu Salpeterlauge verdichtet oder mit konzentrierter Schwefelsäure durch ein besonderes Destillationsverfahren direkt in konzentrierte Salpetersäure verwandelt.

f) Chemische Untersuchung der Salpetersäure.

Die Bedingungen, die an die zum Nitrieren verwandte Salpetersäure gestellt werden, sind folgende:

1. möglichst hohe Konzentration,
2. Glührückstand bis 0,33 %,
3. Gehalt an salpetriger Säure höchstens 0,5 %,
4. frei von Chloriden,
5. frei von Sulfaten,
6. frei von mechanischen Verunreinigungen.

1. Zur Bestimmung der Konzentration dient das spezifische Gewicht.

2. Es werden 40 g Salpetersäure in einer Platinschale auf dem Sandbade verdampft und der Rückstand bis zur Gewichtskonstanz geglüht.

3. Zur Bestimmung der salpetrigen Säure läßt man zu 5 ccm halbnormale Kaliumpermagnatlösung, die mit dem fünffachen Volumen destillierten Wassers verdünnt ist, aus einer Bürette die Salpetersäure unter Umschütteln so lange zufließen, bis die rote Farbe eben verschwunden ist.

1 ccm ½ Kaliumpermagnat = 0,02302 g N_2O_4.

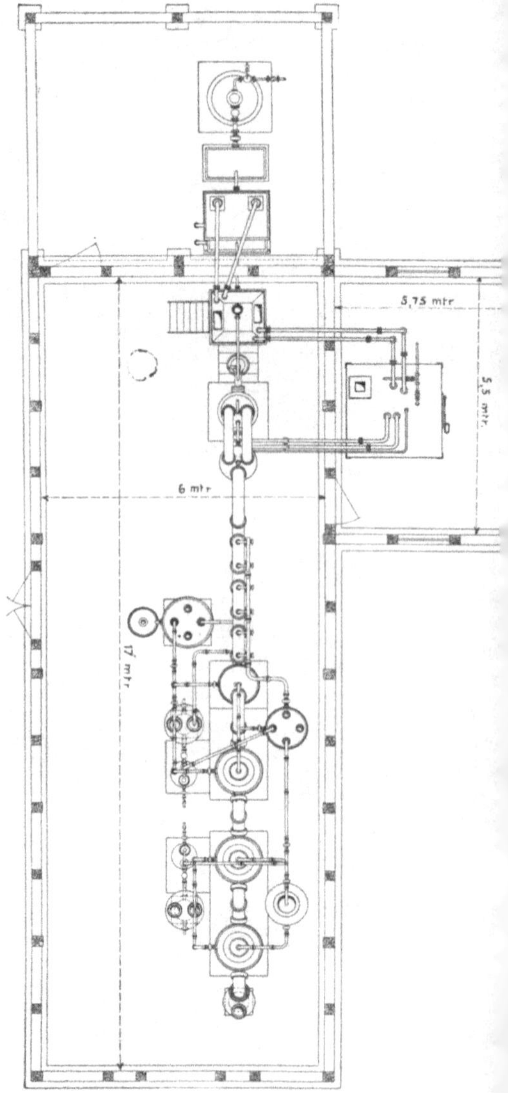

Abb. 24. Grundriß der Schwefelsäureanlage

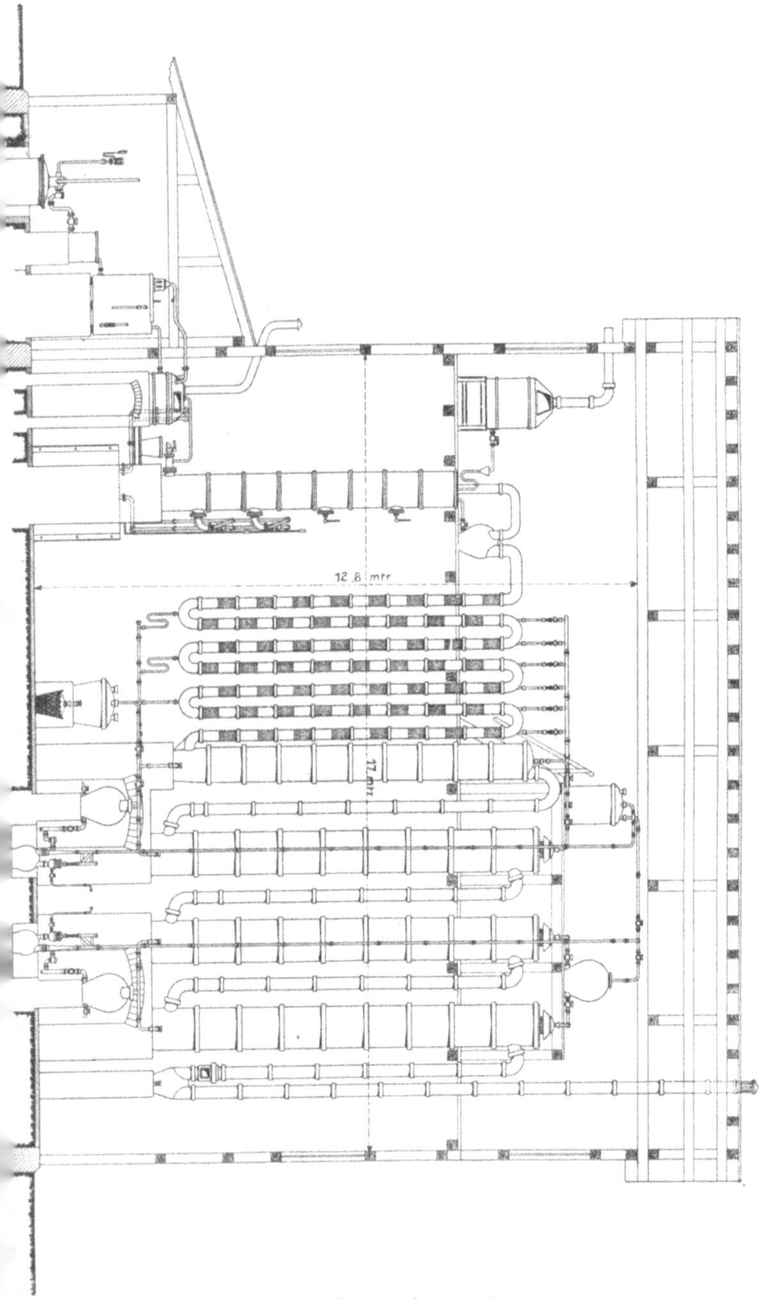

Abb. 23. Schwefelsäureanlage
Deutsche Ton- und Steinzeugwerke A.-G., Charlottenburg

4. Den Chlorgehalt stellt man quantitativ fest, indem man Salpetersäure mit einer verdünnten Silbernitratlösung versetzt. Chlor ist durch eine milchige Trübung oder weißen Niederschlag zu erkennen.

5. Sulfat wird festgestellt durch Versetzung der Salpetersäure mit Chlorbarium.

Schwefelsäure.

Für die Herstellung von Schwefelsäure kommen in der Hauptsache zwei Verfahren in Betracht, und zwar das Bleikammer- und das Kontaktverfahren (Abb. 23, 24 u. 25).

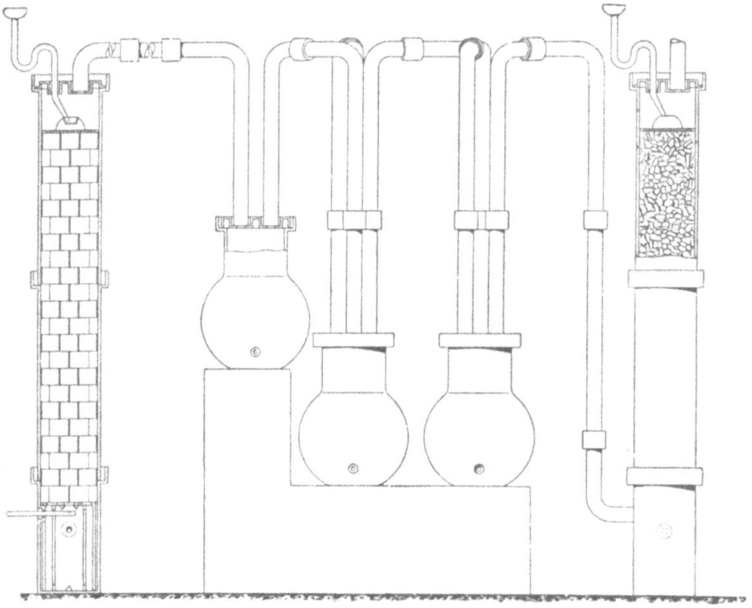

Abb. 25. Einfache Schwefelsäureanlage

Schwefelkies oder Pyrit (FeS_2) werden im Luftstrom verbrannt, wobei schweflige Säure als Gas entsteht, während ein mit Schwefelsäure verunreinigtes Eisenoxyd als Kiesabbrand zurückbleibt. Die Restgase, welche mit Flugstaub verunreinigt sind, passieren eine Flugstaubkammer, wo der Staub zurückgehalten wird. Sie kommen dann bei einer Temperatur von 200—300° in den Gloverturm, welcher mit säurefestem Material gefüllt ist. Dieses säurefeste Material wird berieselt von einer 55—70%igen Kammersäure sowie mit frischer Salpetersäure. Hierbei findet die Denitrierung der nitrosen Säure, welche eine Verbindung von schwefliger und salpetriger Säure unter Austritt von Wasser darstellt, und die Oxydation eines wesentlichen Teiles von SO_2 zu SO_3 statt, ferner eine Kon-

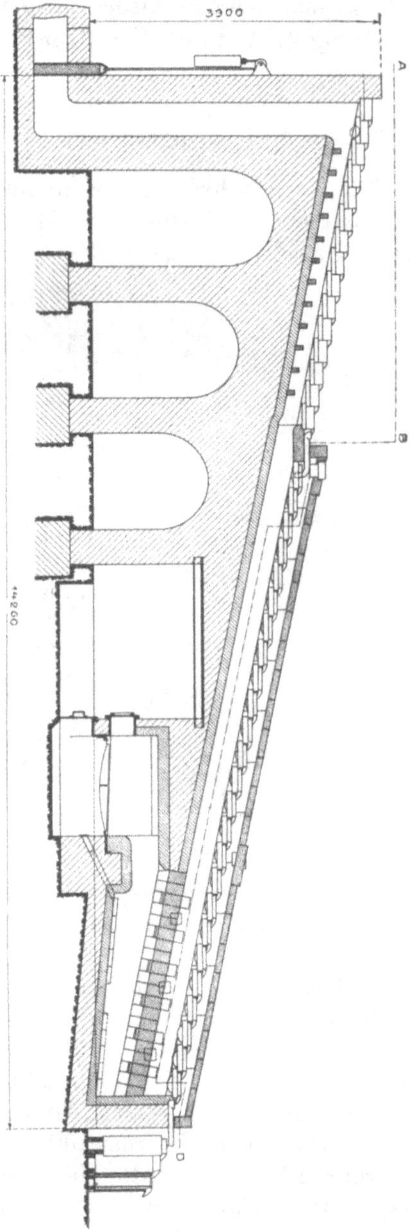

Abb. 26. Vitreosil-Schwefelsäure-Konzentration

zentration der verdünnten Kammersäure bis zu 60° Bé. Aus dem Gloverturm kommen die abgekühlten Gase in die Bleikammern. Dort wird die Oxydation der Restgase durch das Stickstoffdioxyd vollends durchgeführt und das gebildete Schwefeltrioxyd durch direktes Einblasen eines kalten Wassernebels in die Kammern zu Schwefel gesammelt, welcher sich am Boden der Kammern niederschlägt und abgelassen werden kann. An das Kammersystem schließen sich zwei Gay-Lussac-Türme, in welchen die salpetrigen Gase durch herabrieselnde Schwefelsäure als nitrose Säuren wiedergewonnen werden.

In einem neueren Verfahren werden die Bleikammern ausgeschaltet und hierfür mehrere Glovertürme hintereinander verbunden.

Das Kontaktverfahren wird in der Weise angewandt, daß man Platin als Kontaktsubstanz gebraucht und bei Anwendung von Temperaturen von 400—500° die Vereinigung von Schwefeldioxyd mit Sauerstoff quantitativ erzielt. Gasfilter ermitteln die Reinigung der Gase, insbesondere von Arsen, indem die Gase bei einer Temperatur von 350° durch Ton, Asbest oder Koks hindurchgeleitet werden. Auch Eisenoxyd und Kiesabbrände können als Kontaktsubstanz verwendet werden.

Eine weitere, in letzter Zeit in Anwendung gekommene, leicht zu handhabende Anlage ist die Konzentration von Schwefelsäure in Pfannen und Schalen aus Vitreosil (Abb. 26). Die Anlage besteht aus zwei oder mehr nebeneinander liegenden Schalenreihen. Die Schalen sind terassenförmig aufgestellt. Die Anlage besitzt eine Vorkonzentration, um die Heizgase vollkommen auszunutzen. Die aus der Konzentration ablaufende, fertige heiße Säure wird in einer Kühlanlage gekühlt; die entstehenden Säuredämpfe werden durch eine Rohrleitung nach einem Turm geführt.

d) Chemische Untersuchung der Schwefelsäure und des Oleum.

a) *Konzentrierte Schwefelsäure.*

Die konzentrierte Schwefelsäure soll 96 % Monohydrat (H_2SO_4) haben. Sie darf an Arsen, auf As berechnet, nicht mehr als 0,2 %, Glührückstand bis 0,3 % und nur Spuren von Chlor enthalten.

Die Untersuchungen werden in gleicher Weise durchgeführt wie bei Salpetersäure. Arsen wird in der Weise bestimmt, daß man 40 g genau gewogene Schwefelsäure mit der vierfachen Menge Wasser verdünnt. In die erwärmte Flüssigkeit leitet man 6—8 Stunden lang Schwefelwasserstoff ein. Der durch Schwefelwasserstoff entstehende Niederschlag wird abgefiltert, ausgewaschen und auf dem Filter mit Ammoniak behandelt. Das ammoniakalische Filtrat wird mit Salzsäure angesäuert, der Niederschlag auf gewogenem Filter gesammelt, getrocknet, mit Schwefelkohlenstoff gewaschen, nochmals bei 100° getrocknet und gewogen.

Abb. 27. Wiegerohr

b) Oleum.

Dasselbe soll enthalten: 70 % Anhydrid (SO_3). Es darf Arsen, auf As berechnet, nicht mehr als 0,3 %, Glührückstand bis 0,3 % und nur Spuren von Chlor haben. Das Abwägen von Oleum erfolgt in einem Glasröhrchen mit Kugel (Abb. 27). Das obere Ende ist zugeschmolzen; die Spitze wird in das Oleum getaucht und die Kugel erwärmt. Beim Erkalten saugt sich das Oleum in die Kugel und das Röhrchen wird über einer Flamme dann umgebogen. Vor und nach dem Füllen wird es gewogen und in eine Stöpselflasche mit Wasser geworfen. Das Wasser dringt langsam ein. Durch kräftiges Schütteln wird das Röhrchen zerbrochen, mit 1/5 Natronlauge unter Anwendung von Methylorange als Indikator titriert und zuletzt das Röhrchen zu feinen Glassplittern zerstoßen.

Der Gehalt an SO_3 wird wie folgt bestimmt:

1 ccm 1/5 NaOH = 0,0098 g H_2SO_4

x = gesuchte Prozent Anhydrid (SO_3)

y = durch Titrieren gefundene Prozent H_2SO_4

$$x = 100 - \frac{4900 - 40\,y}{9}$$

Mischsäure.

a) Zusammensetzung.

Zum Nitrieren selbst wird ein Gemisch von Säuren, bestehend aus Salpeter- und Schwefelsäure, verwendet. Die Zusammensetzung dieser Mischsäure ist je nach der Art des gewünschten Endproduktes verschieden. Für unsere Zwecke wird heute durchweg eine Säure verwandt, die aus zirka 40 % Salpetersäure, zirka 40 % Schwefelsäure und zirka 20 % Wasser besteht. Allerdings sind die Zahlen bei den verschiedenen Verfahren verschieden, da die Nitriertemperatur und die Nitrierzeit gleichzeitig im relativen Verhältnis zu dem Nitrierergebnis stehen und Mischsäurekonzentration, Nitriertemperatur, Nitrierzeit maßgebend sind für das Resultat des Endproduktes. So führte Piest in „Das Zelluloid“ folgende Nitriersäuregemische ein:

1. 26,5 % HNO_3
   56,0 % H_2SO_4
   17,5 % H_2O

   Nitriertemperatur 45° C
   Nitrierzeit 1 Stunde

2.	25,0 % HNO_3 59,5 % H_2SO_4 15,5 % H_2O	Nitriertemperatur 20° C Nitrierzeit ¾ Stunde
3.	35—40 % HNO_3[1]) 35—42 % H_2SO_4 18—20 % H_2O	Nitriertemperatur 45° C Nitrierzeit 1—2 Stunden
4.	19,96 % HNO_3 63,92 % H_2SO_4 17,12 % H_2O	Nitriertemperatur 40—42° C
5.	19,64 % HNO_3 63,92 % H_2SO_4 18,38 % H_2O	Nitrierzeit 2 Stunden
6.	20,0 % HNO_3 61,04 % H_2SO_4 18,96 % H_2O	Nitriertemperatur 40—42° C Nitrierzeit 1½ Stunde[2])
7.	20,42 % HNO_3 62,08 % H_2SO_4 17,50 % H_2O	Nitriertemperatur 45—46° C Nitrierzeit 1½ Stunde[2])

Guttmann[3]) gibt an, daß es allgemein üblich ist, zur Herstellung von Kollodiumwolle gleiche Teile Salpetersäure von 75 % HNO_3 und Schwefelsäure von 96 % H_2SO_4 zu verwenden und bei einer Temperatur von 40° C zwischen 1 und 1½ Stunden lang zu nitrieren.

Die Mischung der Säuren erfolgt in der Weise, daß man den Inhalt zweier Kessel mit Frischsäure in einem dritten Kessel, dem Mischgefäß, zusammenlaufen läßt, welches mit einem Kühlmantel versehen ist. Zur guten Durchmischung der Säure benutzt man Druckluft oder eine Rührvorrichtung. Außerdem hat dieses Mischgefäß einen Abzug, um die entstehenden nitrosen Dämpfe herauszulassen. Die Temperatur soll 20° nicht überschreiten, da sonst zu leicht Entwicklung von Säuredämpfen und elementare Zersetzung eintritt. Meist jedoch kommt die Auffrischung von gebrauchter Säure in Frage, zu der man wieder frische Salpetersäure, konzentrierte Schwefelsäure und Oleum verwendet. Zu diesem Zweck ist es notwendig, die vorliegenden Abfallsäuren zunächst durch eine chemische Analyse auf den einzelnen Prozentgehalt ihrer Bestandteile zu untersuchen. Zur Kontrolle wird nachher auch die frisch zusammengestellte Säure wieder analysiert. Diese Untersuchung erfolgt in folgender Weise:

Dem Lagerkessel wird eine gut durchgemischte Probe der Mischsäure entnommen und zunächst durch Glaswolle gefiltert, um mechanische Verunreinigungen zu entfernen. Man bestimmt dann den Gehalt an

---

1) Claessen, Zeitschr. f. angew. Chemie 1906 S. 204.
2) Kunststoffe 1912 S. 261.
3) Zeitschr. f. angew. Chemie 1907 S. 262.

Schwefelsäure, Salpetersäure und Untersalpetersäure, woraus sich der Prozentsatz an Wasser durch Abzug der ersten gefundenen Zahlen von 100 ergibt. Zunächst wird die Gesamtsäure ermittelt, indem man 2 g Mischsäure in einen Überfluß von n/1 Natronlauge einfließen läßt und unter Anwendung von Methylorange von n/l Schwefelsäure zurücktitriert. Man bestimmt die konzentrierte Salpetersäure durch Zurücktitrierung. Der Gehalt an Schwefelsäure wird durch Abrauchen der Salpetersäure und vorhandenen Untersalpetersäure auf dem Wasserbad und nachherige Titrierung des Rückstandes ermittelt. Daraus ergibt sich der Salpetergehalt; dann indirekt aus der auf HNO_3 umgerechneten Differenz der Gesamtzahl und dem Inhalt an Schwefelsäure. Die Untersalpetersäure bestimmt man nach der bei der Untersuchung der Salpetersäure angegebenen Methode des Titrierens durch Permagnat.

Nach mehrmaligem Nitrieren ergibt sich jedoch bei der Abfallsäure ein bestimmter Überschuß, der durch die Aufnahme von Wasser aus der Baumwolle entsteht. Nach einer gewissen Zeit sammelt sich eine derartige Menge überschüssiger Säure an, daß man nicht mehr in der Lage ist, diese zum weiteren Gebrauch im Kreislauf des Betriebes wieder aufzufrischen. Man ist infolgedessen gezwungen, entweder diese Säure für andere Verwendungszwecke wie Aufschließen von Phosphaten, Beizen von Metallen oder zur Herstellung von Salpetersäure zu verkaufen oder aber diese Säure selbst zu denitrieren. Zum Denitrieren benutzt man verschiedene Verfahren, von denen wir nachfolgend einige beschreiben:

Verschiedene Verfahren beruhen auf dem weiten Abstand der Siedepunkte bei beiden Säuren, wodurch die Abdestillation einer ziemlich reinen Salpetersäure bei hoher Temperatur ermöglicht wird, während die zurückbleibende Schwefelsäure einer Nachkonzentration unterworfen wird.

Das bekannteste Verfahren ist dasjenige der Vereinigten Deutschen Ton- und Steinzeugwerke, Charlottenburg. Die Anlage besteht aus einer Anzahl mit Chamottesteinen ausgekleideter und mit großstückigem Material ausgefüllter Türme. Von unten wird im Luftgemisch der Wasserdampf von 150—160° eingeblasen, während das Säuregemisch in Form eines gut verteilten Regens von oben durch die Türme herabrieselt. Der heiße Luftstrom, welcher die nitrosen Gase zu Salpetersäure oxydiert, bewirkt eine Trennung der beiden Säuren und reißt die dampfförmige Salpetersäure mit sich fort, während unten die verdünnte Schwefelsäure abläuft. Die Salpeterdämpfe werden in einer Kondensationsbatterie durch Abkühlung verflüssigt. Diese besteht aus einer Reihe von Tourills, an die sich Berieselungstürme anschließen, um die letzten Reste der nitrosen Gase zu erfassen.

Die Denitrierung nach Evers arbeitet durch Anwendung gewisser Sonderapparate in der Weise, daß die Abfallsäure so regeneriert werden, daß beide Säuren wieder verwendbar sind. Die Schwefelsäure kommt wasserhell und 60° Bé stark, die Salpetersäure in gleicher Farbe mit 34—36° Bé oder 40—42° Bé heraus. Dieses Ergebnis wird dadurch erreicht, daß man hoch erhitzte Gase an verschiedenen Stellen des Denitrierturmes durch die bereits erwähnten Sonderapparate einführt, die für die Türme in gewölbten, durchbrochenen Zwischendecken und für die Kühlrohrleitungen in Rohrbündeln bestehen. Die in dem Denitrierturm gelagerten Füllmaterialien wie Raschigringe oder andere, nötigen die Gase sowohl, als auch die Flüssigkeiten zu einem langen Wege. Die Oberfläche der Flüssigkeit wird dadurch vergrößert, so daß eine Anreicherung der Gase leicht bedingt wird.

Eine andere Denitrieranlage ist die von der Deutschen Ton- und Steinzeugwerke herausgebrachte Vitreosilanlage, bei der auf 200° erhitzter Dampf zur Trennung der beiden Säuren Verwendung findet. Sie zeichnet sich durch große Leistung und geringen Raumbedarf aus und erreicht eine Schwefelsäure von 60° Bé.

Auch die bei der Nitrierung entstehenden nitrosen Gase werden aus Gründen der Hygiene und auch zur Erfassung ihres Materialwertes wieder gewonnen, indem sie durch große Exhaustoren aus den Nitrierräumen abgesaugt und in entsprechenden Kondensationstürmen kondensiert werden. Sie werden zunächst durch mehrere hintereinander aufgestellte Türme geleitet, worin eine Vorkondensation stattfindet. Dahinter ist ein Turm mit weit gepackter Füllung angeschlossen, der mit Wasser berieselt wird. Das ablaufende saure Wasser wird, sofern es nicht zum Redenitrieren gebraucht wird, mit Kalkmilch neutralisiert.

III. Theorie des Nitrierens.

a) Allgemeines.

Wie wir bereits angeführt haben, versteht man bei der Herstellung der Nitrozellulose unter Nitrieren den Hergang der Reaktion zwischen Zellulose und einem Gemisch aus Salpeter- und Schwefelsäure. Es entstehen hierbei Salpetersäure-Zelluloseester. Es findet eine Vereinigung der Zellulose mit Salpetersäure unter Austritt von Wasser statt. Die Schwefelsäure dient lediglich als wasserbindendes Mittel. In der Praxis verläuft die Veresterung niemals vollständig, da das freiwerdende Wasser meist nicht völlig von der Schwefelsäure aufgenommen wird und dadurch die Ester wieder in Zellulose und Salpetersäure zerlegt werden, also Verseifung eintritt. Je gleichmäßiger die Veresterung durchgeführt wird, desto besser ist das Endprodukt, die Nitrozellulose. Die Veresterung selbst erfolgt nach und nach während des Nitrierprozesses, d. h. während der Zeit, in welcher die Zellulose mit dem Säuregemisch in Berührung ist, resp. Säuregemisch enthält. Man kann auch ohne Schwefelsäure nitrieren, nur mit Salpetersäure, doch hat dies für die Praxis sehr große Nachteile, die eine Anwendung von Schwefelsäure ratsam erscheinen lassen. Diese Nachteile sind:

1. der zu hohe Verbrauch an Salpetersäure, die ja wesentlich teurer ist als Schwefelsäure;
2. die lange Dauer der Nitrierung, da Schwefelsäure die Nitrierung selbst wesentlich beschleunigt und den Nitrierprozeß in seiner Gleichmäßigkeit regelt. Die Schwefelsäure ist gewissermaßen das Mittel, um die Einwirkung der Salpetersäure gleichmäßig zu gestalten und eine möglichst gleichmäßige Nitrierung zu erzielen;
3. die wesentliche Erhöhung der gesundheitlichen und Verlustgefahren beim Nitrieren. Die Salpetersäure neigt in hoher Konzentration, wenn sie mit anderen Materialien, besonders solchen organischer Art, in Berührung kommt, zur Zersetzung, wodurch Abrauchen des Nitrierproduktes eintritt. Auch ist die Bildung von Stickoxyden in diesem Falle zu leicht möglich, wodurch eine Verminderung der Qualität der Zellulose in bezug auf Lagerfähigkeit entsteht.

Der Grad der Veresterung resp. der Nitrierung wird durch den Stickstoffgehalt des Endproduktes bezeichnet. Der höchste Grad der Nitrierung würde 14,14 % Stickstoffgehalt entsprechen, doch wird dieser in der Praxis nicht erreicht.

Nach den vorliegenden Untersuchungsergebnissen von Saposchnikoff und Kulgren[1]) hat die Konzentration der Salpetersäure im Säuregemisch

[1]) Zeitschrift für das gesamte Schieß- und Sprengstoffwesen 1906.

den maßgebendsten Einfluß auf den Grad der Nitrierung. Die Reaktion der Säure auf die Cellulose wird jedoch von den weiteren in Betracht kommenden Komponenten, Schwefelsäure und Wasser, mit beeinflußt. Der wasserbindende Bestandteil der Mischsäure, die Schwefelsäure, darf auch wieder nur bis zu einer gewissen Grenze gehen, da bei höherem Zusatz eine Dehydratisierung der Salpetersäure eintritt, wodurch deren Wirkung beeinträchtigt wird. Man kommt hiernach zu dem Resultat, daß die Hydrationsstoffe der Salpetersäure bestimmend sind für die verschiedenen Zwischenstufen der Nitriergrade. Es sind deshalb für eine einwandfreie Nitrierung und soweit zur Erzielung eines bestimmten Stickstoffgehalts gewisse Grenzen in dem prozentualen Mischverhältnis der einzelnen Komponenten der Mischsäure notwendig einzuhalten.

Berl und Klaye[1]) studierten den Einfluß der Schwefelsäure auf den Nitrierprozeß, und besonders auf den Stickstoffgehalt des Endproduktes der Nitrozellulose. Sie kamen zu dem Ergebnis, daß die Schwefelsäure nicht nur als wasserbindendes Mittel auftritt, sondern sich auch aktiv am Veresterungsprozeß beteiligt, und zwar in der Weise, daß die Schwefelsäure zunächst mit der Zellulose Schwefelsäureester resp. Schwefelsäure-Salpetersäureester bildet, in denen dann die Schwefelsäure von der Salpetersäure substituiert wird. Gleichzeitig stellten sie aber auch eine teilweise stattfindende Verseifung fest, wodurch die Wirkung der Salpetersäure auf die Zellulose, wenn auch nur in geringerem Maße, rückgängig gemacht wird. Die Bindung der Salpetersäure mit dem Zellulosemolekül ist eine viel innigere als die Bindung der Schwefelsäure. Man verwendet deshalb auch Schwefelsäure in einigen Fabriken dazu, die überschüssige Salpetersäure aus der Nitrozellulose durch Verdrängen mit einem großen Überschuß Schwefelsäure zu entfernen.

h) Einfluß des Wassergehaltes der Mischsäure auf den Stickstoffgehalt der Nitrozellulose.

Der Wassergehalt der Mischsäure in bezug auf seine Wirkung auf den Nitriergrad ist nach denselben Autoren zunächst in seinem Verhältnis zum Salpetergehalt, zuletzt erst zu Schwefelsäure mitbestimmend. Je höher der Wassergehalt, desto niedriger ist bei gleichem Verhältnis der Schwefelsäure, gleicher Temperatur und Dauer der Nitrierung der Stickstoffgehalt des Endprodukts.

Lunge und Weintraub fanden bei ihren Probenitrierungen in dieser Richtung folgende Resultate[2]):

---

[1]) Chem. Ztg. Rep. 1908.

[2]) Escales, Schießbaumwolle S. 161.

Tabelle 1.

Versuch Nr.	Nitriersäuregemisch H_2SO_4	HNO_3	H_2O	Ausbeute	Löslichkeit in Ätheralk. 3 : 1	ccm NO	% N
1	45,31	49,07	5,62	177,5	1,50	217,73	13,65
2	42,61	46,01	11,38	176,2	5,48	210,68	13,21
3	41,03	44,45	14,52	—	22,0	203,49	12,76
4	40,66	43,85	15,49	167,0	60,0	198,0	12,58
5	40,14	43,25	16,61	159,0	99,14	196,35	12,31
6	39,45	42,73	17,82	153,0	99,84	192,15	12,05
7	38,95	42,15	18,90	156,5	100,0	184,78	11,59
8	38,43	41,31	20,26	144,2	99,82	174,29	10,93
9	37,20	40,30	22,50	146,0	74,22	155,73	9,76
10	36,72	39,78	23,50	138,9	1,15	148,51	9,31
11	35,87	38,83	25,30	131,2	0,61	133,94	8,40
12	34,41	37,17	28,42	—	1,73	103,69	6,50

Wir sehen hieraus das stets gleichmäßige Verhältnis der Salpetersäure zur Schwefelsäure und das fortwährende Ansteigen des Wassergehalts. Letzterer steigt von 5,62 auf 28,42; dagegen fällt der Stickstoffgehalt der Nitrozellulose von 13,65 auf 6,5 %.

Es ist infolgedessen weitgehendst darauf Rücksicht zu nehmen und festzustellen, wie hoch nicht nur der Prozentgehalt an Wasser der Säure ist, sondern auch wie hoch der Wassergehalt der zu verarbeitenden Zellulose ist. Ja selbst die Witterungsverhältnisse resp. die Feuchtigkeit der Luft im Arbeitsraum sind als wichtige Faktoren für das zu erzielende Endergebnis mit in Betracht zu ziehen.

In seinen eingehenden Versuchen kam Verfasser dieser Monographie zu Ergebnissen, die in den folgenden Tabellen festgelegt sind.

Der Wassergehalt der Mischsäure ist gleichfalls von Einfluß auf die Löslichkeit und Viskosität der Kollodiumwolle.

Die Temperatur der Mischsäure ist gleichfalls von Einfluß auf den Stickstoffgehalt des Endproduktes. Höhere Temperatur der Mischsäure ergibt höheren Stickstoffgehalt. Tatsächlich scheint die Salpetersäure bei höheren Temperaturen eine viel intensivere Einwirkung auf die Zellulosefaser auszuüben. Versuche und Praxis ergaben das Resultat, daß dieselben Chargen bei Gleichartigkeit aller übrigen Bestimmungen bei 25° Mischsäuretemperatur den Nitrierprozeß in 40 Minuten beenden, während bei 40° C der Prozeß bereits in 25 Minuten beendet war.

Die Dauer der Nitrierung hat nur Einfluß auf die Höhe des Stickstoffgehalts bis zur Beendigung der eigentlichen chemischen Reaktion. Wenn also der Zusammensetzung der Säure entsprechend der

Tabelle 1a.

c) **Wassergehalt.**

Einfluß auf Löslichkeit und Viskosität.

Nr.	Nitriersäure HNO$_3$ %	H$_2$SO$_4$ %	H$_2$O %	Temperatur °C	Dauer Min.	Nitrozellulose N	Löslichkeit %	Viskosität Cochius
1	26	66	8	22	35	12,2	16,0	630
2	24	66	10	22	35	12,2	18	520
3	24	64	12	22	35	12,0	27	380
4	28	58	14	22	35	11,8	48	310
5	32	52	16	22	35	11,9	76	205
6	36	46	18	22	35	11,6	94	90
7	38	42	20	22	35	11,2	98	60
8	38	40	22	22	35	10,5	100	60
9	38	38	24	22	35	10,2	100	52

Tabelle 2.

d) Einfluß der Temperatur der Mischsäure auf den Stickstoffgehalt.

Nr.	Nitriersäure HNO$_3$ %	H$_2$SO$_4$ %	H$_2$O %	Temperatur °C	Dauer des Nitrierens Minuten	N-Gehalt der NC %
1	38	42	20	15	60	9,8
2	38	42	20	18	60	10,5
3	38	42	20	20	60	10,9
4	38	42	20	22	40	11,6
5	38	42	20	26	40	12,8
6	38	42	20	40	40	13,25

höchste Grad der Nitrierung erreicht ist, so führt auch ein weiteres Belassen in der Säure zu keiner Erhöhung des Stickstoffgehalts mehr. Man kann natürlich niedrigen Stickstoffgehalt durch Abbrechen der Nitrierung vor Beendigung des chemischen Prozesses erzielen, doch wird sich der Stickstoffgehalt immer noch vergrößern, solange noch Salpetersäure, wenn auch in geringem Maße, in der Zellulose enthalten ist.

Die Nitrierung war, wie aus der Tabelle 3 zu ersehen ist, bereits bei 40 Minuten beendet. Über diese Zeit trat eine wesentliche Veränderung des Stickstoffgehalts nicht mehr ein.

Für die Löslichkeit der Nitrozellulose hielt man früher hauptbestimmend den Stickstoffgehalt. Man hat jedoch diese Ansicht fallen

Tabelle 3.

e) Einfluß der Dauer der Nitrierung auf den Stickstoffgehalt.

Nr.	Nietriersäure HNO_3 %	H_2SO_4 %	H_2O %	Temperatur °C	Dauer des Nitrierens Minuten	N-Gehalt der NC %
1	37	45	18	22	10	8,8
2	37	45	18	22	15	9,6
3	37	45	18	22	20	10,5
4	37	45	18	22	25	10,9
5	37	45	18	22	30	11,8
6	37	45	18	22	40	12,8
7	37	45	18	22	60	13

lassen müssen, weil Kollodiumwollen mit demselben Stickstoffgehalt aus verschiedenen Chargen stammend ganz verschiedene Löslichkeiten zeigten. Für die Löslichkeit scheint mitbestimmend zu sein die Größe der Molekular-Aggregate, die, wie wir im Kapitel „Zellulose“ gesehen haben, bereits bei der Vorbereitung der Zellulose schon mehr oder weniger beeinflußt werden. Auch scheint eine derartige Beeinträchtigung der Molekularaggregate beim Nitrieren bei hohen Temperaturen oder bei der weiteren Nachbehandlung der Nitrozellulose mit Alkali stattzufinden. Tatsächlich zeigen Nitrozellulosen, die schon bei der Vorbereitung der Zellulose durch Bleichmittel stark angegriffen werden oder bei hoher Temperatur nitriert oder bei der weiteren Bearbeitung einer Behandlung mit Alkalien unterworfen worden waren eine höhere Löslichkeit als Nitrozellulosen, bei denen dies nicht der Fall war.

Tabelle 4.

f) Verhalten des Stickstoffgehaltes zur Löslichkeit.

Nr.	Nitriersäure HNO_3 %	H_2SO_4 %	H_2O %	Temperatur °C	Dauer des Nitr. Minuten	N-Gehalt der NC %	Löslichkeit %	Ausbeute bei Baumw. %
1	36	46	18	25	30	11,3	92	134
2	36	46	18	25	30	11,3	84	137
3	36	46	18	25	30	11,3	73	133

Wir ersehen hieraus die verschiedenen Löslichkeitsgrade der Kollodiumwolle bei gleichem Stickstoffgehalt.

Tabelle 5.

g) Verhalten der Temperatur zur Löslichkeit.

Nr.	Nitriersäure HNO_3 %	H_2SO_4 %	H_2O %	Temperatur °C	Dauer des Nitr. Minuten	N-Gehalt der NC. %	Löslichkeit %	Ausbeute bei Baumw. %
1	36	44	20	40	30	11,5	98,5	118
2	36	44	20	40	30	11,5	99,5	121
3	36	44	20	40	30	11,5	100	116

Hohe Löslichkeit bei hoher Temperatur.

Tabelle 6.

h) Verhalten der Kupferzahl der Zellulose zur Löslichkeit der Nitrozellulose.

Nr.	Nitriersäure HNO_3 %	H_2SO_4 %	H_2O %	Temperatur °C	Dauer d. Nitr. Min.	N-Gehalt der NC %	Löslichkeit %	Kupferzahl der C Ost	Ausbeute bei Baumw. %
1	36	36	18	22	30	11,4	99,8	7,8	123
2	36	36	18	22	30	11,4	100	8,3	116
3	36	36	18	22	30	11,4	100	7,2	127
4	36	36	18	22	30	11,4	99,9	7,5	112
5	36	36	18	22	30	11,4	92	2,3	128
6	36	36	18	22	30	11,4	95	1,1	128

Die Zellulose mit hoher Kupferzahl, in der Vorbereitung stark gebleicht, zeigt größere Löslichkeit als die mit niedriger Kupferzahl.

In engem Zusammenhang mit der Löslichkeit steht die Viskosität. Die Viskosität der Nitrozellulose, der man besonders in den letzten Jahren mehr Aufmerksamkeit gewidmet hat, hängt zum Teil mit denselben Ursachen zusammen, auf welche die Löslichkeit zurückzuführen ist. Hoher Gehalt an Oxyzellulose sowohl in der Zellulose als auch in der Nitrozellulose bedingt eine niedrige Viskosität. Auch die höhere Temperatur beim Nitrieren, ferner die weitere Bearbeitung mit Alkali oder Ammoniak verursachen eine Herabsetzung der Viskosität.

Löslichkeit und Viskosität werden stark beeinflußt durch die Größe der Nitrozellulose-Molekülaggregate. Verkleinerung des Aggregats durch hohe Nitriertemperatur, Bildung von Oxyzellulose, sei es in der Zellulose oder später in der Nitrozellulose, begünstigen die Erhöhung der Löslichkeit und Verringerung der Viskosität. Löslichkeit und Viskosität stehen im umgekehrten Verhältnis zueinander: hohe Löslichkeit — niedrige Viskosität; niedrige Löslichkeit — hohe Viskosität.

Tabelle 7.

i) Einfluß der Dauer der Nitrierung auf die Viskosität der Nitrozellulose.

Nr.	Nitriersäure HNO$_3$ %	H$_2$SO$_4$ %	H$_2$O %	Temperatur °C	Dauer des Nitr. Minuten	Nitrozellulose N %	Löslichkeit i. Ätheralk. %	Viskosität n. Cochius Sek.
1	38,2	44,5	17,3	22	30	11,8	99,3	180
2	38,2	44,5	17,3	22	35	12	99,5	160
3	38,2	44,5	17,3	22	40	12	98,7	138
4	38,2	44,5	17,3	22	45	11,9	99,3	102
5	38,2	44,5	17,3	22	60	11,8	98,5	93

Gleiche Zahlen um Zeit geändert.

Resultat: Stickstoffgehalt und Löslichkeit unverändert, Viskosität sinkt bei Verlängerung der Nitrierzeit.

Tabelle 8.

k) Einfluß der Nitriertemperatur auf die Viskosität der Nitrozellulose.

Nr.	Nitriersäure HNO$_3$ %	H$_2$SO$_4$ %	H$_2$O %	Temperatur %	Dauer des Nitr. Minuten	Nitrozellulose N-Gehalt %	Löslichkeit i. Ätheratk. %	Viskosität n. Cochius Sek.
1	38,5	44,5	17	15	30	10,7	42	330
2	38,5	44,5	17	18	30	10,9	68	280
3	38,5	44,5	17	20	30	10,8	79	260
4	38,5	44,5	17	22	30	11,2	84	210
5	38,5	44,5	17	22	30	11,2	95	190
6	38,5	44,5	17	22	30	11,2	98	205
7	38,5	44,5	17	40	30	11,5	100	28

Gleiche Zahlen und Konzentration der Mischsäure und Zeit.

Nur Temperatur geändert.

Resultat: Löslichkeit steigt bei steigender Temperatur, Viskosität sinkt.

Tabelle 9.

l) Einfluß der Lagerung bei Licht auf die Viskosität.

Nr.	Nitriersäure HNO$_3$ %	H$_2$SO$_4$ %	H$_2$O %	Temperatur °C	Nitr.-Zeit Min.	Nitrozellulose N %	Löslichkeit i. Ätheralk. %	Viskosität n. Cochius Sek.	Zeit der Lagerung bei Tageslicht Std.
1	37	43	20	22	30	11,4	99	335	—
2	37	43	20	22	30	11,4	99	320	24
3	37	43	20	22	30	11,4	99	305	48
4	37	43	20	22	30	11,4	99	270	480
5	37	43	20	22	30	11,4	99	240	900

Bei Lagerung im zerstreuten Sonnenlicht nimmt die Viskosität ab.

Tabelle 10.

m) Einfluß der Lagerung im Dunkeln auf die Viskosität.

Nr.	Nitriersäure HNO$_3$ %	H$_2$SO$_4$ %	H$_2$O %	Temperatur °C	Nitr.-Zeit Min.	Nitrozellulose N %	Löslichkeit i. Ätheralk. %	Viskosität n. Cochius Sek.	Zeit der Lagerung i. Dunkel Std.
1	37	73	20	22	30	11,35	99	335	—
2	37	43	20	22	30	11,35	99	335	24
3	37	43	20	22	30	11,35	99	335	48
4	37	43	20	22	30	11,35	99	330	480
5	37	43	20	22	20	11,35	99	332	900

Bei Lagerung im Dunkeln bleibt die Viskosität konstant bzw. nimmt nur wenig ab. Spuren von Säure führen am Licht weitere Veränderungen der Molekularaggregate und dadurch Herabsetzung der Viskosität herbei.

Die Ausbeute an Kollodiumwolle hängt sowohl mit der Art der verwendeten Zellulose, als auch mit der Art des angewandten Nitrierverfahrens und der Nachbehandlung der Zellulose zusammen. Bei Anwendung des üblichen Nitrierverfahrens ergibt eine durch Oxydation stark angegriffene Zellulose geringere Ausbeuten. Es hängt dies damit zusammen, daß ein Teil der Zellulose bereits beim Nitrieren in Lösung geht. Andererseits ergibt auch normal hergerichtete Zellulose, wenn sie bei höherer Temperatur nitriert wird, geringe Ausbeuten. Auch hier aus dem gleichen Grunde wie vorher (vgl. Tabelle 4, 5, 6). Auch darf die Zellulose nicht länger als bis zur Beendigung des Nitrierprozesses, also bis zur

Beendigung der Veresterung in der Säure verbleiben, da sonst die Verseifung und Auflösung der Zellulose durch die Schwefelsäure begünstigt wird. Baumwolle ergibt eine höhere Ausbeute als Zellstoff, was auch wieder damit zusammenhängt, daß bei Zellstoff ein größerer Teil von der Säure gelöst resp. mitgerissen wird. Bereits stärker bearbeitete Zellulose wie Baumwollpapier oder Zellstoffpapier ergeben an sich immer einen höheren Prozentsatz der Ausbeute als das gleiche Produkt von Rohlinters oder Zellstoff-Flocken.

Die Wirtschaftlichkeit des angewandten Verfahrens hängt also mit 1. der Wahl des Rohmaterials zusammen, 2. mit der Art des angewandten Nitrierverfahrens, 3. spielt natürlich die verwendete Apparatur eine wesentliche Rolle.

Das Verhältnis von Säure zu Zellulose ist an sich für das Endprodukt gleichgültig. Es ist nur nötig, darauf zu sehen, daß man soviel Säure verwendet, daß ein reichlicher Überschuß gegenüber der voluminösen Zellulose vorhanden ist, und daß alle Teile der Zellulose leicht und gut mit Säure durchtränkt werden.

IV. Praxis des Nitrierens.

a) Das Trocknen der Zellulose.

Zum Nitrieren wird nur Zellulose verwendet, deren Wassergehalt weniger als 1 % beträgt. Da die Zellulose, sei es Baumwolle, sei es Zellstoff, wenn sie vom Lager kommt, immer gegen 8—10 % Feuchtigkeit enthält, ist es notwendig, sie vor der Nitrierung nochmals einem

Abb. 28. Simplextrockner
B. Schilde A.-G., Hersfeld

Trockenprozeß zu unterwerfen. Baumwoll- und Zellstofflocken werden zu diesem Zweck in sogenannten Schnelltrocknern vorbereitet. Solche Apparate werden in verschiedenen Ausführungen geliefert, z. B. von den Firmen Benno Schilde, Maschinenbau-A.-G., Hersfeld, und Friedrich Haas G. m. b. H. in Lennep.

Die Firma Schilde in Hersfeld bringt einen sog. „Simplextrockner" (Abb. 28) heraus, bei dem das Material in Kisten im Gegenstromverfahren mit mehr oder weniger Umluftbetrieb, je nach Art des zu verarbeitenden Materials, getrocknet wird. Der Vorzug dieses Verfahrens liegt zunächst darin, daß das Trockengut dem Trockenluftstrom entgegenwandert, so daß es nach und nach verschieden hohen Temperaturen ausgesetzt wird. Auf diese Weise wird eine gleichzeitige Durchtrocknung der gesamten Apparatfüllung erreicht, die bei Trocknung mit feststehenden Horden niemals zu erlangen ist. Ferner bedingt die selbsttätige gute Abdichtung der Horden im Schacht, daß die durch den Ventilator angesaugte Luft zwangsläufig durch das Trockengut hindurch muß. Bei Kammern mit

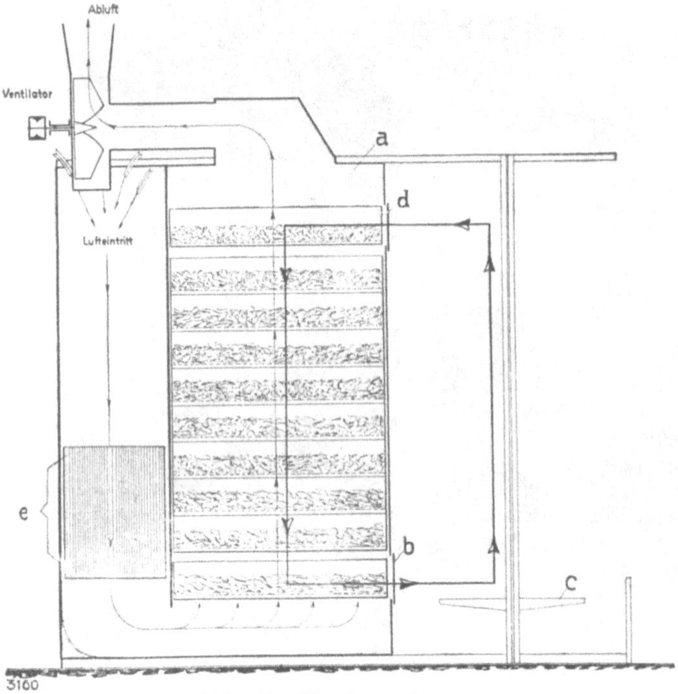

Abb. 29. Simplextrockner
B. Schilde A.-G., Hersfeld

feststehenden Horden kann eine solche Abdichtung nur auf Kosten der Bedienung erreicht werden, die dann so schwierig wird, daß man lieber auf jene verzichtet. In Kammern mit feststehenden Horden wird also stets durch die vorhandenen Luftschlitze Falschluft angesaugt, wodurch die Trocknung schlecht und unwirtschaftlich wird.

Die nebenstehende Abb. 29 veranschaulicht den Trocknungsvorgang. Die in dem Trockenschacht *a* aufeinandergestapelten Horden wandern nach Herausfahren der untersten durch die Tür *b* jeweils um eine Hordenhöhe nach unten. Die herausgefahrene unterste Horde wird auf dem Fahrstuhl bis an die Tür *d* gehoben. Hier fährt sie wieder in den Trockenschacht ein, und zwar im gleichen Augenblick, in dem unten eine Horde mit trockenem Gut ausfährt. Die Horden beschreiben also nacheinander den durch die dicke Pfeillinie gekennzeichneten Weg.

Der Ventilator fördert die Trockenluft nach der schwach gezogenen Pfeillinie durch den Apparat. Der Trockenluftstrom durchstreicht zuerst die hinter dem Schacht *a* angeordnete Heizfläche *e*, tritt dann unten in den Schacht *a* ein, durchdringt die in diesem befindlichen mit Material gefüllten Horden und nimmt schließlich teilweise seinen Weg durch ein Abzugsrohr ins Freie, teilweise wird er mit Frischluft vermischt und als Umluft erneut durch das Trockengut getrieben. Die Menge der Abluft bzw. Frischluft wird durch eine Klappe reguliert; man stellt diese so ein, daß die Abluft hoch mit Wasser gesättigt abzieht.

Mit fortschreitender Trocknung kommt das Material in immer trocknere und wärmere Luft, bis es schließlich in der untersten Hordenstellung von der wärmsten und trockensten Luft fertiggetrocknet wird.

Der Feuchtigkeitsaustausch zwischen Luft und Trockengut ist bei dem Gegenstromverfahren der denkbar günstigste derart, daß die Abluft mit einer hohen Sättigung von zirka 80 % nach stärkster Abkühlung bzw. Wärmeabgabe an das naß eingefahrene und noch kalte Trockengut entweicht. Durch Umluftbetrieb kann diese restlose Wärmeausnutzung noch gesteigert werden. Eine Beschädigung des Materials durch evtl. Übertrocknung wird dadurch verhütet, daß die Lufttemperatur regelbar ist und die zulässige Höhe nicht überschreitet. Man hat durch Einstellung der Heizfläche und der Dampfspannung die Regulierung dieser Temperatur genau in der Hand.

Der Simplex-Trockner besteht, wie die Abbildungen zeigen, aus einem ganz in Schmiedeeisen hergestellten Trockenschacht. An diesem ist vorn ein Hordenaufzug und an der Rückseite eine Heizkammer angebaut. Die Heizkammer enthält die aus schmiedeeisernen Rippenrohren eines patentierten Fabrikates zusammengeschweißten Heizbatterien.

In dem Trockenschacht befinden sich zehn ebenfalls aus Schmiedeeisen gefertigte Horden, deren Böden aus Drahtgeflecht bestehen.

Der Ventilator zur Umwälzung der Trockenluft ist meist auf dem Heizkasten des Trockners angeordnet, er kann aber auch aus Platzgründen an anderer Stelle angebracht werden. Er ist eine Sonderkonstruktion mit außerordentlich hohem Nutzeffekt, sein Gehäuse sowie die Flügel bestehen aus bestem Siemens-Martin-Stahl.

Der gesamte Mechanismus zum Bewegen der Horden ist außen am Apparat angeordnet. Der Hordenwechsel sowie die Bewegung der Horden erfolgt selbsttätig; zur Inbetriebsetzung genügt das einmalige Ziehen an einem Hebel.

Die Firma Haas bringt gleichfalls Trockenapparate in verschiedenen Ausführungen, insbesondere ist der „Turbo-Trockner“ ein sehr geeigneter

Abb. 30. Turbo-Trockner
F. Haas G. m. b. H., Lennep

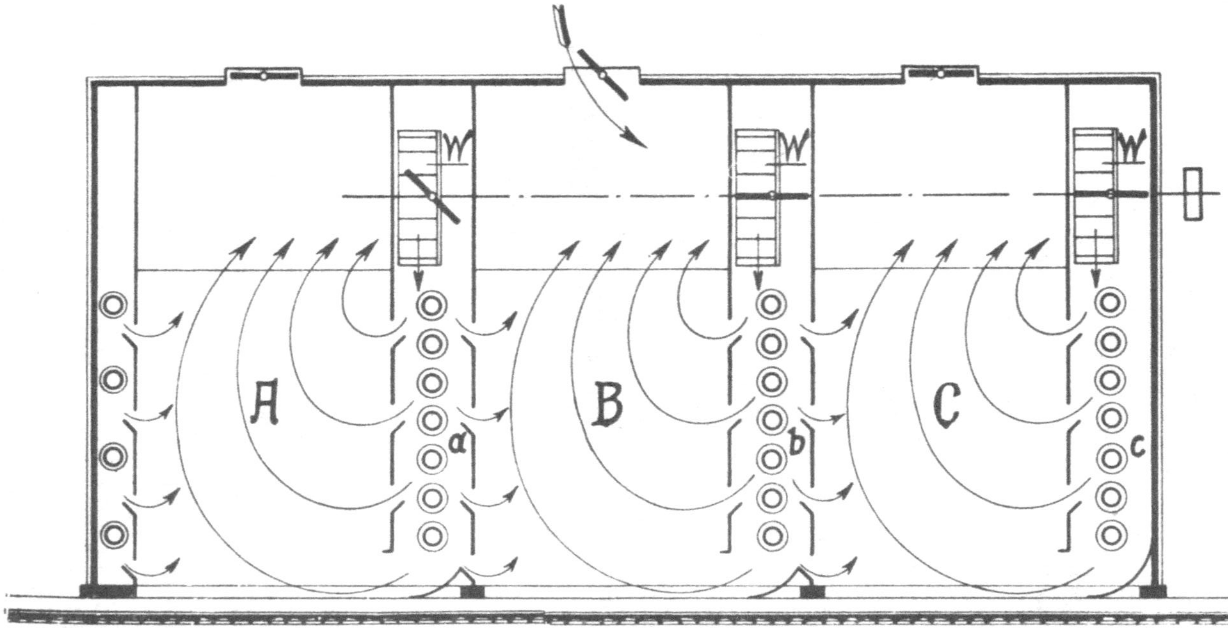

Abb. 31. Turbo-Trockner
F. Haas G. m. b. H., Lennep

Apparat in seiner Ausführung für unsere Zwecke. Wir sehen in Abb. 30 die Art dieses Trockenapparates gleichzeitig mit der Methode, wie die Luftströmung durch die Horden hindurchzieht. Abb. 31 zeigt die Belüftung der Trockenkammern, aus denen man den Weg der Trockenluft ersehen kann. Ein sehr viel im Gebrauch befindlicher Apparat ist der „Universal-Schnell-Trocken-Apparat“, System Haas (Abb. 32). Derselbe ist ganz aus Stahl und Eisen durchaus feuerfest gebaut. Er besteht aus mehreren nebeneinander liegenden Trockenkammern mit zwischengebauten Heizkammern. In letzteren befinden sich mit Dampf beheizte Heizbatterien. Der Erklärung des Trockenprinzips ist unter Bezugnahme auf vorstehende Schnittzeichnung (Abb. 33) beispielsweise eine Größe

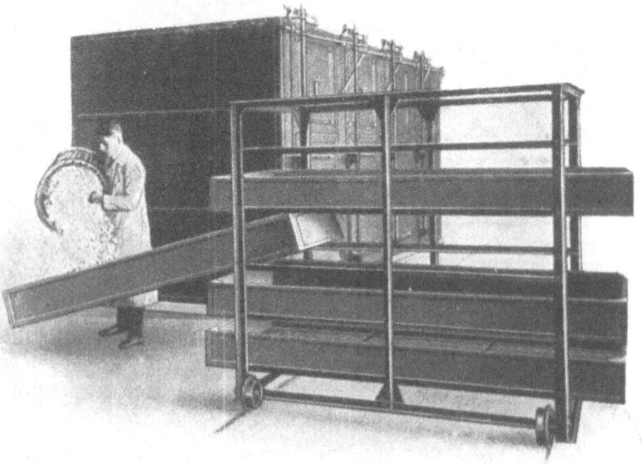

Abb. 32. Universal-Schnelltrockner
F. Haas G. m. b. H., Lennep

von 5 Trockenkammern *(A, B, C, D, E)* mit 5 zwischengebauten Heizkammern *(e, a, b, c, d)* zugrunde gelegt. In den Heizkammern streicht die von einem Exhaustor angesaugte Luft an den Heizbatterien vorbei und nimmt deren Wärme an. In den Trockenkammern wird die warme Trockenluft auf genau geregeltem Wege von unten nach oben durch das Trockengut hindurchgesaugt; sie absorbiert und entfernt dabei dessen Feuchtigkeit.

Die warme Trockenluft, welche mittels Exaustors am Ende des Saugrohres *P* abgesogen wird, durchstreicht alle Trocken- und Heizkammern in einem vollkommenen Kreislauf.

Der Lufteintritt ist abwechselnd bei einer der Heizkammern durch eines der Ventile *S (e, a, b, c, d)*. Der Luftaustritt ist abwechselnd aus einer der Trockenkammern durch eines der Ventile *O (a, b, c, d, e)*. Diese beiden Ventile und dasjenige zwischen ihnen *R* (*a*, *b*, *c*, *d*, *e*) sind miteinander zwangsläufig verbunden. Wird z. B. *Sb* geöffnet für den Eintritt der Luft, so öffnet sich automatisch *Ob* für den Austritt der Luft, während *Rb* die Verbindung zwischen *B* und *b* schließt. Der Weg, den die Luft bei diesem Vorgang durcheilt, ist durch eine punktierte Linie bezeichnet.

Der Trockenprozeß ist genau stufenweise so geregelt, das das nasseste und also gegen Hitzeschäden widerstandsfähigste Material stets die ganze Wärme, also hier von 5 Heizkammern, das etwas trocknere die von 4, das noch etwas trocknere die von 3, das folgende die von 2 und das

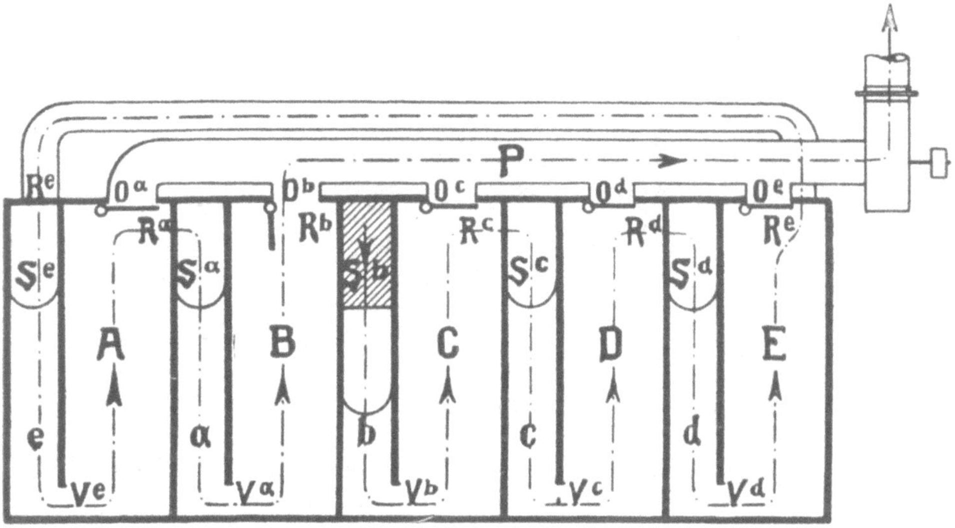

Abb. 33. Universal-Schnelltrockner
F. Haas G. m. b. H., Lennep

fast ganz trockene und also gegen Hitzeschäden am wenigsten widerstandsfähige Material die Wärme von nur einer Heizkammer erhält.

Diese Trocknung mit stufenmäßig abnehmenden Wärmegraden im Verhältnis zum stufenmäßig abnehmenden Feuchtigkeitsgehalt des Trockengutes während des Trockenprozesses ist für den tadellosen Ausfall des Trockengutes von größter Bedeutung.

In obiger Skizze ist Kammer *C* die trockenste. Sie erhält die Warmtrockenluft, welche durch das Ventil *Sb* in die Heizkammer *b* eintritt, also nur einmal erwärmt ist. Ehe die Trockenluft in die Kammer *D* eintritt, wird sie nochmals erwärmt, so daß jetzt 2 Heizkörper auf das Material, das relativ nasser ist, einwirken usw. Kammer *E* erhält die Wärme von 3 Heizkammern, *A* die von 4, und *B*, die gerade gefüllt worden ist und das nasseste Material enthält, erhält die Wärme von 5 Heizkammern. Das trockene Material wird nun herausgenommen und durch nasses ersetzt. Jetzt hat Kammer *D* das trockenste und Kammer *C* das nasseste Material.

Um dieselbe stufenmäßige Trockenweise aufrechtzuerhalten, schließt der Arbeiter *Sb* und öffnet *Sc*. Mit *Sb* schließt sich *Ob* und öffnet sich *Rb* automatisch und mit *Sc* öffnet sich *Oc* und schließt sich *Rc* automatisch. Die Luft tritt bei *Sc* ein und verläßt die Maschine bei *Oc*. Kammer *D*, die jetzt die trockenste ist, erhält jetzt die Wärme von nur einer Kammer, während Kammer *C*, die jetzt die nasseste ist, die Wärme von allen 5 Heizkammern erhält.

In dieser einfachen Weise arbeitet der Arbeiter den ganzen Tag, leert und füllt die Kammern, schließt das Ventil links und öffnet das Ventil rechts. Das ist seine ganze Arbeit.

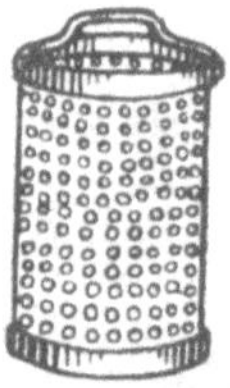

Abb. 34.
Einsatzgefäß für Töpfe

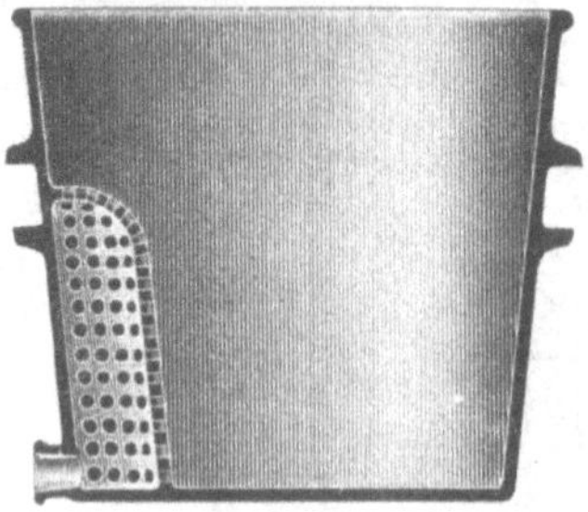

Abb. 35. Nitriertopf

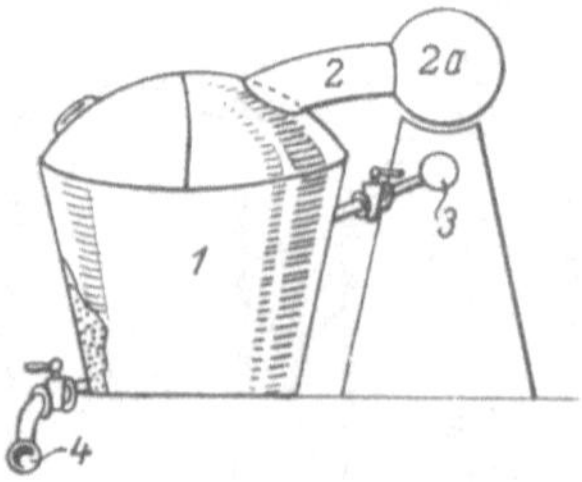

Abb. 36. Nitriertopf

Es ist leicht einzusehen, daß durch diese stufenmäßige Trockenmethode das Material aufs äußerste geschont und andererseits jede Wärmeeinheit auf das Vollkommenste ausgenutzt wird.

Nach dem Trocknen wird die Zellulose in bestimmten Mengen abgewogen und in hermetisch verschließbaren Blechgefäßen mit bestimmtem Gewichtsinhalt zum Nitrieren bereit gestellt (Abb. 34).

b) Das Nitrieren.

Beim Nitrieren in Töpfen aus Gußeisen machte man die Beobachtung, daß die Säure das Eisen angreift und hierdurch eine Braunfärbung der Nitrozellulose erfolgt, die nur sehr schwer durch intensives Waschen entfernt werden kann. Auch ist es nicht zweckmäßig, zur Beseitigung dieser Braunfärbung bei der Nachbehandlung die Kollodiumwolle zu intensiv mit Alkalien oder Mineralsäuren (Schwefelsäure) zu behandeln, da hierdurch die Kollodiumwolle zu stark angegriffen und die Viskosität herabgesetzt wird und auch Verluste in bezug auf die Ausbeute entstehen durch teilweise Auflösung von Nitrozellulose. Man verwendete deshalb Aluminium als Material für die Töpfe, wobei allerdings auch ein starker Verschleiß auftrat, da Aluminium ebenfalls stark angegriffen wird durch die Mischsäure. Infolgedessen stellte man, um diesem Übel abzuhelfen, die Nitriertöpfe aus säurefestem Stein- oder Tonzeug her.

In neuerer Zeit werden jedoch vielfach säurefeste Eisen- und Stahlsorten für diesen Zweck verwendet. Insbesondere der säurefeste Nirostastahl (V_2A) hat sich für diese Zwecke bewährt[1]).

Früher nitrierte man grundsätzlich nur kleine Mengen in einem Gefäß mit etwa 3—5 kg Zellulose bei 80—100 kg und mehr Säure, und zwar deshalb, weil man der Meinung war, auf diese Weise die Zellulose am besten durchtränken und die Bildung von Stickoxyden sowie die da-

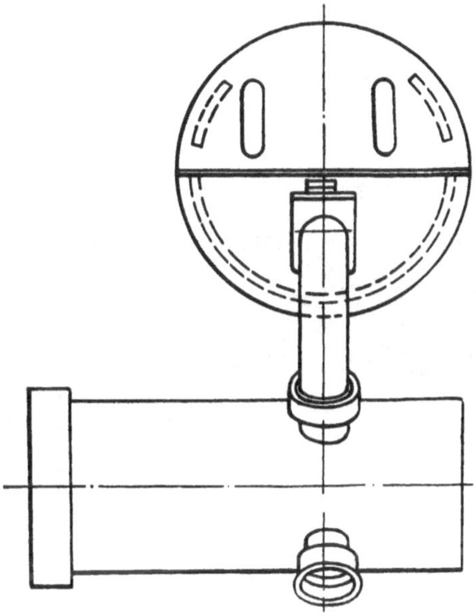

Abb. 37. Nitriertopf mit Absaugleitung

durch bedingte Erzielung unternitrierter Zellulose vermeiden zu können. Nachdem man jedoch die Ursachen dieser evtl. Mängel erkannt und beseitigt, und ferner die Schwierigkeiten bei der Herstellung größerer Gefäße und Einrichtungen in bezug auf Material, mechanische Beschickung, gleichmäßige, vollständige Durchtränkung der Zellulose mit Säure, Vermeidung von Oxydation überwunden hatte, arbeitete man nunmehr auch in Apparaten von größerem Fassungsvermögen und mit weit geringeren Säuremengen. Das Nitrierverfahren ist infolge dieser bedeutsamen Verbesserungen wesentlich wirtschaftlicher, gleichmäßiger und hygienischer geworden. Wir werden auf diese Punkte in den nachfolgenden Kapiteln noch tiefer eingehen.

1) Krupp A.-G., Essen.

c) Topf-Nitrierverfahren.

Das erste und älteste Verfahren ist das Nitrieren in Töpfen. Anfangs benutzte man einfache Eisen-, Porzellan-, Glas- oder Steinguttöpfe, füllte Zellulose in abgewogener Menge hinein und überdeckte diese mit Mischsäure (Abb. 35). Die Masse wurde während der Nitrierzeit mit Eisen- oder Aluminiumgabeln oder einfachen Rundstangen mehrere Male umgerührt. Nach Ablauf der Nitrierzeit wurde die Säure abgegossen und die Kollodiumwolle zur weiteren Bearbeitung in die Vormaischbottiche gebracht. Diese Arbeit war wenig rationell wegen des großen Säureverlustes, auch erhielt man recht verschiedene Endprodukte, da das Entleeren einmal mehr, einmal weniger Zeit in Anspruch nahm und daher ungleich nitrierte Kollodiumwolle entstanden. Letzteres insbesondere deshalb, weil man meistens mit hochkonzentrierten Säuren arbeitete, die es notwendig mach-

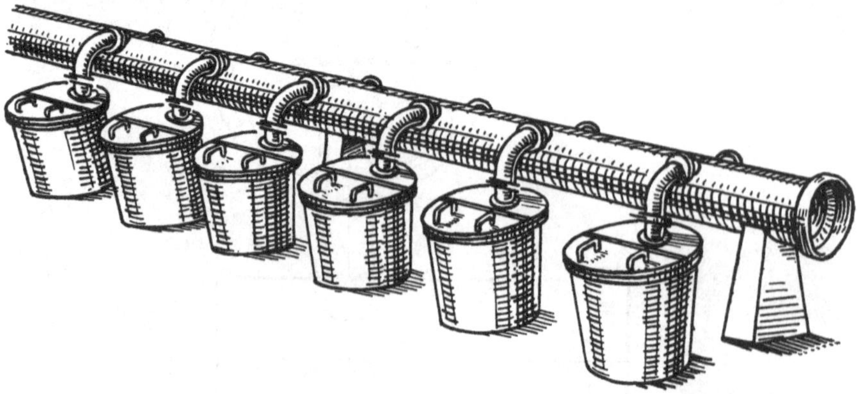

Abb. 38. Nitriertopfbatterie

ten, den Nitrierprozeß vor der vollständigen Beendigung der Reaktion zu unterbrechen, um nicht einen unerwünscht hohen Stickstoffgehalt zu erzielen. Man arbeitete die ersten Jahrzehnte nur auf den Stickstoffgehalt, weil man irrtümlicherweise annahm, die Löslichkeit hinge allein hiervon ab. Die Forschungen nach dieser Seite sowohl als auch auf Viskosität waren erst späterer Zeit vorbehalten. Die Teile der Nitrozellulose, welche nun zuletzt ins Wasser zum Waschen kamen, waren länger mit der Säure in Berührung als die ersten und nitrierten infolgedessen länger. Dies ergab dann sehr unterschiedliche Resultate von 10,0—13,0 % N-Gehalt.

Die Säure wurde wohl zum größten Teil aufgefangen und wieder verwandt, doch ging immer noch verhältnismäßig viel verloren, da die Zellulose das 3—4-fache ihres Gewichts festhielt.

Die beim Nitrieren entstehenden Säuredämpfe belästigen sehr die mit dem Einführen, Umrühren und Herausnehmen der Zellulose beschäftigten Arbeiter und verursachten gesundheitliche Schäden. Zersetzungen, d. h.

Abrauchen trat häufig ein und störte sehr empfindlich den regelmäßigen Verlauf der Arbeit.

Man verbesserte deshalb nach und nach dieses Verfahren. Die Töpfe von 100—150 Liter Inhalt (Abb. 36) versah man mit Ein- und Ablaufstutzen für die Säure. Die Deckel erhielten Absaugverbindung, um die Dämpfe durch Exhaustoren abzusaugen (Abb. 37). Die Deckel wurden geteilt, so daß nur die Hälfte geöffnet wurde und das Eintauchen und Rühren bei wirksamer Absaugung erfolgte. Die Auslauföffnung wurde mit einem Sieb versehen, welches ablaufende Kollodiumwolle zurückhielt.

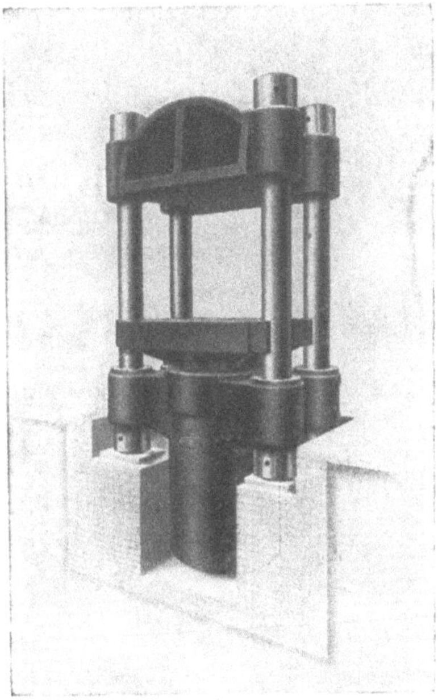

Abb. 39. Säurepresse
Becker & van Hüllen A. G., Krefeld

Gleichzeitig stellte man eine Auswahl Töpfe neben- und hintereinander auf, die an ein Röhrensystem angeschlossen waren, mittels dessen Säurezulauf, Säureablauf und das Absaugen der Dämpfe geregelt wurden (Abbildung 38).

Die erforderliche Temperatur der Säure erzielte man auch nach verschiedenen Methoden. Man arbeitete früher vielfach mit verhältnismäßig hohen Temperaturen von 35—45°C. Um diese Temperatur gleichmäßig zu erzielen und zu halten, wurden in einzelnen Betrieben die Töpfe in ein Bassin gestellt, in dem Wasser von der gewünschten Temperatur die Töpfe umspülte. Später macht eman Töpfe mit Heizmänteln und erreichte die gewünschte Temperatur durch Dampf- oder Warmwasserumlauf. Die

Umstellung auf das Nitrieren mit anderen Säurekonzentrationen sowie die Herabsetzung der Nitrier-Temperatur machte alles dies jedoch überflüssig, zumal auch die Nitrierzeit sehr reduziert wurde. Es genügte vollständig, die Mischsäure auf eine bestimmte Temperatur im Vorratskessel

Abb. 40. Säure-Zentrifuge mit Korb
Schönau & Fröhlich, Braunschweig

Abb. 41. Säure-Zentrifugen mit Schwemm-Syphon
Schönau & Fröhlich, Braunschweig

zu bringen, die es ermöglicht, die Mischsäure mit 20—22° C in die Töpfe einlaufen zu lassen. Durch die Reaktionswärme beim Nitrieren erhöht sich die Temperatur während einer halben Stunde um 4—8° C. Diesen Umstand muß man natürlich hinsichtlich des Endresultates berücksichtigen.

Abb. 42. Säure-Zentrifuge
Gebr. Heine, Viersen

Das Arbeiten erfolgt in der Weise, daß man die Säure bis zur Höhe einer bestimmten Marke einlaufen läßt, darauf die Zellulose mittels Aluminium- oder Eisengabeln einträgt und das Gemisch während des Nitrierprozesses wiederholt umrührt, wobei man darauf achten muß, daß die Zellulose stets von der Säure bedeckt bleibt.

Die Säure läßt man nach Beendigung der Nitrierung ablaufen zum Wiederauffrischen. Die in der Zellulose noch befindliche Säure wird nun nach Möglichkeit entfernt und wiedergewonnen. Dies erfolgte früher in der Weise, daß man die Kollodiumwolle in Siebkörbe einfüllte und diese

Abb. 43. Säure-Zentrifugen
Haubold A. G., Chemnitz

zum Auspressen der Säure unter mechanische oder hydraulische Pressen brachte (Abb. 39). Das Verfahren wurde später verbessert durch Einführung der Zentrifugen zum Ausschleudern der Säure. Letztere bestehen aus einem zylindrischen Eisenmantel, in dem sich ein drehbarer Siebkorb befindet, der mit den säurenassen Kollodiumwollen gefüllt wird (Abb. 40—44). Bei 800—1200 Umdrehungen pro Minute wird die Säure bis zum Verhältnis 1 Teil Kollodiumwolle zu 1 Teil Säure abgeschleudert. Die abgeschleuderte Säure läuft nach Passieren eines Filters (Abb. 46) in den Auffrischungskessel zurück. Das Filtern dient zum Zurückhalten der mitgerissenen Kollodiumwollteilchen. Die Kollodiumwolle wird mit Aluminiumgabeln oder -schaufeln unter Benutzung eines Transportwagens zum Waschbottich befördert, oder aber besser noch durch direkten Ein-

Abb. 44. Säure-Zentrifugen
Haubold A. G., Chemnitz

wurf in ein Schwemmsyphon (Abb. 45) mittels intensiven Wasserstrahls zum Bottich geschwemmt.

Nach diesem Verfahren wird heute noch in diversen Betrieben gearbeitet und diese ist Anlage, wobei 1—6 Dutzend Töpfe und mehr angeschlossen werden, zwar nicht sehr wirtschaftlich, aber für kleinere Betriebe anscheinend heute noch ausreichend. Die Leistung einer solchen Anlage mit 24 Töpfen und 4 Säure-Zentrifugen beträgt bei 8 Stunden Arbeitszeit 500 kg Nitrozellulose mit 12 benötigten Arbeitskräften.

Eine wesentliche Verbesserung dieses Verfahrens stellt

d) Das Rührtopf-Verfahren

dar. Dieses Verfahren ist in der nachbeschriebenen Weise seit 1—2 Jahrzehnten eingeführt. Rühreinrichtungen kannte man allerdings schon längere Jahre, doch waren diese mehr oder weniger primitiv und wenig praktisch. Die jetzt verwendeten Rührtöpfe stellen in ihrer Anordnung und Wirkung eine bedeutende Verbesserung dar. Sie sind aus säurefestem Metall, Eisen oder Stahl hergestellt und bestehen aus einem zylindrischen Ober- und einem konischen, trichterförmigen Unterteil. Ein Rührwerk sorgt während des Eintragens der Zellulose dafür, daß die Zellulose sofort mit Säure überdeckt und innig mit dieser vermengt wird. Die

Abb. 45. Einfaches Syphon-Mundstück

Abb. 46. Doppeltes Syphon-Mundstück

Töpfe sind auf einer Tribüne aufgestellt, unter der sich die Säurezentrifugen befinden, welche durch ein 10—15 cm weites Rohr mit dem trichterförmigen Bodenende der Töpfe verbunden sind, so daß beim Öffnen des am Boden des Topfes befindlichen Hahnes Säure und Nitrozellulose in die Zentrifuge ablaufen. Die überschüssige Säure fließt sofort unten an der Zentrifuge zum Sammelkessel weiter, während die Nitrozellulose in einem siebförmigen Schleuderkorb bleibt und durch Schleudern wie oben, weiter noch von Säure befreit wird. Man kann sowohl für jeden Topf eine Zentrifuge aufstellen, oder auch mehrere, etwa 2—4 Töpfe, an eine Zentrifuge anschließen. Ersteres ist zweckmäßig, wenn man die Mischsäure durch Nachschleudern mit Schwefelsäure verdrängen will, letzteres genügt für einfaches Abschleudern. In diesem Falle arbeitet man so, daß zwei Mann die Töpfe und ein Mann die Zentrifuge bedienen.

Die Leistung einer derartigen Anlage mit 4 Töpfen zu je 500 kg Säureinhalt und 1—2 Säurezentrifugen beträgt zirka 500 kg in 8 Stunden bei 3 Arbeitskräfte. Die manuellen Arbeiten werden gegenüber den einfachen Topfverfahren ohne Rührwerk auf ein Viertel herabgesetzt. Die Kollodiumwolle wird gleichmäßiger, da durch das mechanische Rühren die Masse inniger vermengt wird. Die Säuremenge kann wesentlich verringert werden. Während man ohne Rührwerk 30—60 Teile Säure auf 1 Teil Zellulose braucht, genügen hier 8—12 Teile. Das Nitrieren und Ablaufen der Säure erfolgt bei geschlossenen Gefäßen, ebenso das Einlassen in die Zentrifugen und das Schleudern selbst. Dazu kommt noch der Anschluß an die Absaugleitung, deren Exhaustor während der gesamten Prozedur in Tätigkeit bleibt, um etwa sich bildende Dämpfe abzusaugen. Alles dieses macht das Arbeiten mit dieser Apparatur sehr angenehm und verhindert auch die Bildung von Oxy-Nitrozellulose, die bekanntlich die Viskosität der Nitrozellulose nach unten beeinflußt. Dieses Verfahren ist infolge seiner Wirtschaftlichkeit besonders für kleinere Betriebe sehr geeignet, wie bei Lackfabriken, Kunstlederfabriken und kleineren Filmfabriken. Doch auch für Großbetriebe eignet sich diese Methode außerordentlich. Die Apparatur kann unbeschränkt sowohl in den Ausmaßen der Einzelapparate als auch in der Anzahl der Gruppen genommen werden. Zum Nitrieren bei hohen Temperaturen, insbesondere für die Herstellung von Lackwollen mit niedriger Viskosität versieht man die Rührtöpfe mit Doppelmäntel zum Heizen und Kühlen. Zweckmäßig ist eine Vorrichtung, um die Umdrehungszahl der Rührwerke pro Minute nach Wunsch auf 20, 40 und 60 regulieren zu können, und diese je nach Art des zu nitrierenden Materials einstellen zu können. Papier verlangt in der Regel ein schnelleres Rühren als Baumwolle oder Zellstoffflocken. Auch ist es bei Papier zweckmäßig, im Rührtopf selbst entsprechende feststehende Widerstandsarme anzubringen, vermittels derer das Papier beim Umrühren während des Einrollens und Nitrierens zerkleinert wird.

Die Säurezentrifugen haben für Nitrierungen bei Normaltemperaturen von 20—30° C. Schleuderkörbe aus Schmiedeeisen, da die Kollodiumwolle nur kurze Zeit, etwa 5—10 Minuten, mit diesem in Berührung kommt und bei obiger Temperatur eine Einwirkung der Säure auf Eisen minimal ist und eine Verfärbung der Kollodiumwolle nicht eintritt.

Anders ist es bei höheren Säuretemperaturen von 40—60° C., z. B. bei Lackwolle. Hier ist es notwendig, auch die Zentrifuge aus säurefestem Material zu machen. Es kommt hierfür sowohl V_2A-Stahl als auch Steinzeug in Frage. Die Innenauskleidung der Zentrifuge ist ebenfalls aus säurefestem Steinzeug. V_2A ist in gleicher Weise geeignet und sogar dauerhafter, jedoch noch kostspieliger in der Anschaffung.

e) Das Zentrifugen-Verfahren.

Dieses Verfahren arbeitet mit sogenannten Nitrierzentrifugen (Abb. 40—44), die teils aus Schmiedeeisen, teils aus Aluminium hergestellt sind. Die Schleuderkörbe werden aus Eisen, Aluminium, V_2A-Stahl oder

Steinzeug verwendet. Die Deckel besitzen Anschlüsse zum Absaugen der Säuredämpfe. Die Säure wird nach Beendigung der Nitrierung unten abgelassen; denselben Weg nimmt die ausgeschleuderte Säure; die geschleuderte Kollodiumwolle wird mit Aluminiumschaufeln oder -gabeln aus dem Schleuderkorb geschaufelt und in die Syphons (Abb. 41, Mitte) zum Abschlemmen in die Waschbottiche geworfen. Der Arbeitsgang ist folgender: die Zentrifuge wird bei Stillstand mit Säure bis zu einer bestimmten Marke gefüllt und darauf die abgewogene Zellulose mit Hand oder mit Gabeln eingefüllt. Während des Einfüllens der Zellulose wird der Korb in langsame Rotation versetzt. Auf dem Rand der Zentrifuge ist eine Vorrichtung angebracht, deren aus Aluminium bestehende, schräg gerichtete Schaufeln die Zellulose ständig in die Säure hineindrücken, so daß eine vollständige Durchtränkung stattfindet. Nachdem alle Zellulose eingebracht und der Deckel geschlossen ist, wird bei stehendem oder langsam rotierendem Korb nitriert. Nach Beendigung der Nitrierung wird die Säure durch Öffnen des Ablaufhahns abgelassen und die Zentrifuge auf hohe Touren gebracht zwecks Abschleudern der überflüssigen Mischsäure. In manchen Betrieben wird mit Schwefelsäure nachverdrängt. Darauf wird die Nitrozellulose wie oben ausgebracht.

Die Zentrifugen werden in Größen für 200—2000 kg Säureinhalt gebaut. Entsprechend ist auch die Leistungsfähigkeit. Beachtet muß allerdings werden, daß bei diesem Verfahren der Säureüberschuß 20—40 % größer sein muß als beim Rührtopfverfahren, da hierbei die Vermischung nicht so innig ist wie in den Rührgefäßen. Die Zentrifugen werden sowohl mit Transmission als auch mit direktem Motor oder mit Wasserantrieb geliefert. Letzterer ist wegen des günstigen Verschleißfaktors vorteilhafter. Bei Anwendung mehrerer Nitrierzentrifugen stellt man diese zweckmäßig so, daß zwischen je zwei Zentrifugen ein zweiseitig arbeitender Syphon zu stehen kommt (Abb. 46).

Zur Herstellung von 500—600 kg Nitrozellulose in 8 Stunden benötigt man drei Zentrifugen mittlerer Größe von 400 kg Fassungsvermögen. Hierzu werden zwei Arbeiter benötigt. Es stellt das Verfahren dar, bei dem gleichfalls wie beim Rührtopfverfahren die manuellen Arbeiten auf ein Minimum beschränkt sind.

f) Das Vakuum-Verfahren.

In den letzten Jahren hat man ein neues Großbetriebsverfahren eingeführt, welches mit Anwendung von Vakuum arbeitet. Die Anlage besteht aus größeren, 25 000—30 000 kg Frischsäure fassenden Gefäßen aus V_2A-Stahl. Diese haben einen entsprechenden Raumüberschuß, um außerdem 1000—1500 kg Zellulose aufnehmen zu können. Ein Rührwerk, ebenfalls aus V_2A-Stahl, sorgt für genügende Vermischung des Nitriergutes und der Säure. Zur Vermeidung von Oxydation wird das

Gefäß schwach evakuiert. Die Zellulose wird mittels einer sinnreich konstruierten Einrichtung der Säure zugeführt und untergetaucht. Im Prinzip entspricht dieses Verfahren dem Rührtopfverfahren, nur ist es leistungsfähiger. Es eignet sich daher besonders für Betriebe mit großem Bedarf an Nitrozellulose gleicher Art wie z. B. für Filmfabriken. Eine derartige Anlage liefert mit einem Großgefäß zirka 4000—6000 kg Nitrozellulose in 8 Stunden. Der wirtschaftliche Vorteil liegt in der weitgehenden Ersparnis menschlicher Arbeitskräfte. Der technische Vorteil liegt in der Gleichmäßigkeit des Endproduktes bei gleichzeitiger Herstellung großer Mengen.

Welches Verfahren ist nun das geeignetste? Für die Auswahl eines Verfahrens sind die Anschaffungskosten, die Platzfrage, die erwünschte Tagesproduktion und auch der Verwendungszweck der Nitrozellulose maßgebend. Vom Punkte der Anschaffungskosten gesehen ist das Rührtopfsystem das wirtschaftlich beste. Es verbindet verhältnismäßig geringe Anschaffungskosten mit beträchtlicher Leistung und Einschränkung der manuellen Tätigkeit. Es läßt gleichzeitig eine große Beweglichkeit bei der Anfertigung verschiedener Qualitäten zu. Das Zentrifugenverfahren eignet sich mehr für die Großfabrikation, für die Herstellung großer Mengen gleicher Qualität. Allerdings muß auch der Verschleiß berücksichtigt werden, und der ist bei dem letzteren Verfahren größer als beim Topf- und Rührtopfverfahren. Das einfache Topfverfahren wird heute für Neuanlagen kaum noch ins Auge gefaßt wegen seiner tatsächlichen Unwirtschaftlichkeit.

Der Vollständigkeit halber und auch wegen seiner besonderen Originalität bringen wir nachstehend noch

g) Das Thomson-Verfahren.

Dieses wird in Deutschland gar nicht, dagegen in England und Frankreich angewandt. Das Nitriergefäß besteht aus einem zylindrischen Tongefäß (Abb. 47 und 48), welches einen Zulauf für frische Säure und einen Ablauf für die gebrauchte Säure besitzt. Es ist mit einer Aluminiumhaube bedeckt, welche eine verschließbare Öffnung zum Einbringen der Zellulose und ein Stutzen zum Anschluß an die Exhaustorleitung zum Absaugen der Säuredämpfe hat. Der Boden ist abgedeckt mittels eines Aluminium- oder Tonsiebes. Der Arbeitsvorgang ist folgender:

Die Säure wird bis zur Marke eingelassen und die Zellulose eingebracht. Man läßt eine bestimmte Zeit nitrieren, während der Exhaustor in Tätigkeit ist. Vor Beendigung der Nitrierzeit legt man auf das Nitriergut eine Siebplatte und läßt mittels Verteiler Wasser auf die Säure aufsprühen, dabei beachtend, daß das Wasser sich nicht mit der Säure vermischt, und 3—5 cm über der Säure steht. Darauf nitriert man zu Ende und läßt durch Öffnen des unteren Hahnes die Mischsäure ab und Wasser nachlaufen. Das Wasser verdrängt die Mischsäure aus der Zellulose. Hierbei ist zu beachten, daß die zuerst abfließende konzentrierte Säure für sich und die nachfließende verdünnte Säure besonders gesammelt wird. Der Apparat ist nur brauchbar zur Herstellung hochnitrierter Zellulose.

Das Verfahren hat aber verschiedene Mängel, die die oben erwähnten Verfahren nicht aufweisen. Viel Handarbeit, leichte Zersetzungsmöglichkeit, starker Verbrauch an Säure, lange Dauer des Prozesses (6—8 Stunden), daher geringe Leistungsfähigkeit, und starker Verschleiß der empfindlichen Tonapparatur sind die Hauptmängel dieses Verfahrens. Hinzu kommt noch das Nacheinander-Abfließen von konzentrierter Mischsäure, verdünnter Säure und Wasser. Ist der Arbeiter nicht aufmerksam und

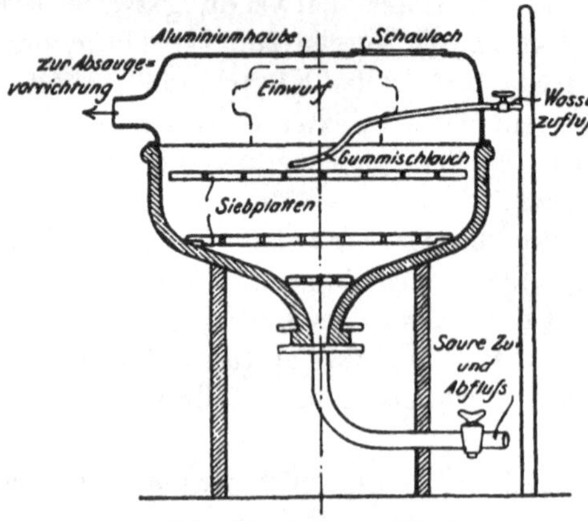

Abb. 47. Thomson-Topf

läßt verdünnte Säure oder sogar Wasser in die Leitung der konzentrierten Säure laufen, dann sind Leitung und Lagerkessel schnell zerfressen. Betriebsstörungen sind also hier an der Tagesordnung.

Lediglich historischen Wert haben die folgenden

h) diversen Verfahren des Nitrierens[1]).

Hyatt nitrierte in Töpfen, je 6 Stück auf drehbare Platte angebracht, jede Gruppe hatte eine Schleuderzentrifuge oder eine Säurepresse. Die Zellulose wird in perforierten Aluminiumkörben in die Töpfe mit Säure eingesetzt, nach dem Nitrieren mit den Siebkörben herausgenommen, abtropfen gelassen, darauf Säure abgeschleudert oder ausgepreßt.

Stains nitrierte ähnlich, jedoch in feststehenden Töpfen. Papier wurde im laufenden Band nitriert, mittels Transportwalzen in Säure-

[1]) La Nitrocellulose et le Celluloid, Paris 1925.
A. Dubosc

gefäße befördert. Ungünstiges Resultat, nicht nitrierte Zellulose, geringe Leistung, große Apparatur.

Trihoulet und Besancèle konstruierten Töpfe mit seitlich angebrachten Öffnungen, an denen Gummihandschuhe mit langen Ärmeln angebracht waren. Mittels dieser rührte der Arbeiter durch Einstecken der Hände. Sehr unhygienisch, geringe Leistung.

Lenk nitrierte in Töpfen, die im Kreise aufgestellt waren. Gemeinsame Absaughaube. In der Mitte des Kreises eine Zentrifuge zum Abschleudern. Reiner Handbetrieb.

Mombray nitrierte Papier durch mehrmaliges Durchlaufen desselben in Mischsäure mit Hilfe von Transportwalzen. Auspressen der

Abb. 48. Tompson-Nitriertopf

Säure ebenfalls durch Walzen, in der gleichen Weise, dann Waschen. Ungleiches Nitrieren, nicht nitrierte Zellulose, Abreißen der Papierbahnen, sehr geringe Leistung, große Apparatur, waren hierbei die Nachteile.

Es sind dies die Verfahren, die im Anfang der Nitriertechnik geübt wurden. Für die Neuzeit kommen sie nicht in Betracht.

i) Nitrieren von Papier.

Die beschriebenen Verfahren sind nicht nur zum Nitrieren von Zellulose in Form von Baumwolle oder Zellstoff-Flocken resp. -Schnitzel verwendbar, sondern auch zum Nitrieren von Zellulosepapier in Bogen oder Rollen, sei es Baumwoll- oder auch Zellstoffpapier. Zu diesem Zwecke benutzt man eine Abrollvorrichtung, auf die die Papierrolle gespannt wird, und die mit einem Wägeapparat versehen ist. Dieser Apparat wird vor oder über den Topf oder die Zentrifuge gestellt und das Papier mittels selbsttätiger oder von Hand betätigter Abrolleinrichtung einlaufen gelassen. Die Wägevorrichtung gibt das genaue Gewicht des abgerollten Papiers an. An ihre Stelle kann man bei glattem Papier auch die Schoppersche Längenmeßmaschine verwenden, nachdem man das Gewicht des Papiers pro laufenden Meter festgestellt hat (Abb. 49).

k) Hygienische Einrichtungen in Nitrierräumen.

Das Topfverfahren hat den besonderen Mangel, daß die beim Eintauchen der Zellulose entstehenden Dämpfe teilweise durch den geöffneten Deckel in den Nitrierraum entweichen. Ferner muß man mit Zersetzungen (Abrauchen) rechnen, bei denen der Exhaustor die Dämpfe

Abb. 49. Längenmeßapparat
Schopper, Leipzig

nicht schnell genug erfassen und beseitigen kann. Die auftretenden Gase verursachen Benachteiligung der Arbeiter durch Vergiftung, die sich durch Husten, Bronchialkatarrh und Störungen der Herztätigkeit äußert. Aus der Salpetersäure entstehende Stickoxyde sind außerdem sehr giftig. Sie wirken ätzend auf Schleimhäute und Lungen und rufen schwere Kiefererkrankungen hervor. Schon in relativ geringen Mengen eingeatmet wirken sie giftig wie Blausäure oder Schwefelwasserstoff. Sie sind um so gefährlicher als die schädlichen Folgen meist erst nach einiger Zeit bemerkbar werden, wenn die Vergiftung bereits soweit vorgeschritten ist, daß Lungenödem und Herzlähmungen auftreten. Die Stickoxyde führen auch eine Blutzersetzung herbei.

Die Dämpfe von Oleum (Schwefelsäureanhydrid) entwickeln an der Luft mit dem Wasserdampf starken weißen Nebel, welcher gleichfalls die Schleimhäute reizt und in größeren Mengen Lungenverätzungen verursachen.

Werden Oleum und Schwefelsäure gemischt, so entsteht Wärme, die durch Zusatz von Wasser noch verstärkt wird. Die hierbei entstehenden Dämpfe enthalten oft Spuren von Arsenverbindungen, welche ebenfalls stark giftig sind.

Zur Verhütung von Vergiftungen sind die Räume hoch und luftig gebaut mit der Möglichkeit, starken Luftdurchzug zu schaffen. Starke Exhaustoren saugen die Dämpfe aus den Apparaten und den Räumen ab. Bei Verspritzen oder Verschütten von Säure ist diese mit reichlich Wasser fortzuspülen. Die Kleidung der Arbeiter soll aus säurefestem Gummi oder Wollstoff hergestellt sein. Handschuhe müssen stets bereit liegen und bei allen Handgriffen benutzt werden. Schutzbrillen für die Augen und Gasmasken zum Schutz der Atmungsorgane vervollständigen die Schutzmaßnahmen.

Bei Eintreten des Falles einer Vergiftung werden einige Tropfen Chloroform in Wasser gelöst und mit viel Wasser getrunken. Sauerstoff einatmen und Milchtrinken dienen weiter zur Verhütung der schlimmsten Wirkungen.

Selbstverständlich ist es notwendig, auf strengste Beachtung der gewerbepolizeilichen Vorschriften für Säurebetriebe zu achten.

V. Stabilisieren der Kollodiumwolle.

a) Einfluß des Waschprozesses; Eigenschaften des Waschwassers.

Die Kollodiumwolle spaltet im trockenen Zustande bei höherer Temperatur Stickoxyd ab und zersetzt sich. Je mehr freie Salpetersäure in der Kollodiumwolle enthalten ist, desto schneller tritt diese Zersetzung ein. Auch bei niedriger Temperatur stellt sich diese Wirkung zum Teil schon ein. Es werden aber hierdurch nicht nur die Kollodiumwollen ungünstig beeinflußt, sondern auch die daraus hergestellten Produkte wie Zelluloid, Nitroseide, Kunstleder, Filme usw. Zusätze von neutralisierenden Agenzien können wohl diese Zerstörung verhindern, jedoch nur dann, wenn höchstens geringe Spuren freier Säure vorhanden sind.

Ferner begünstigen auch andere, alkohollösliche, jedoch in Wasser unlösliche Stoffe die Zersetzung der Kollodiumwolle. Diese verwandeln sich beim Lagern allmählich in wasserlösliche Substanzen.

Der Weg ist infolgedessen gewiesen, um gute, neutrale, lagerbeständige Kollodiumwolle zu erhalten. Es ist allerdings bei der Weiterbearbeitung darauf zu achten, daß die gewünschten Eigenschaften der Kollodiumwolle, wie ein bestimmter Stickstoffgehalt, bestimmte Löslichkeit und Viskosität erhalten bleiben. Man unterwirft die Kollodiumwolle nach dem Nitrieren einer Reihe von Reinigungsoperationen, um sowohl die Säure, als auch die Reste unlöslicher Stoffe, wie Gummi, Pentosen, Gerbstoffe, ferner etwa angenommenen Eisengehalt oder andere durch die Wirkung der Säure bedingte Verunreinigungen zu entfernen. Wichtig ist in diesem Zusammenhange auch die Entfernung von über- oder unternitrierter Kollodiumwolle aus dem Nitriergut. Um dies zu erreichen, bedient man sich verschiedener Verfahren, die der Art des Nitriergutes entsprechend mehr oder weniger variiert werden, damit das gewünschte Endprodukt erhalten wird.

b) Kaltwäsche.

Die Kollodiumwolle für Zelluloid, Nitroseide, Lacke usw. wurde anfangs nur in kaltem Wasser längere Zeit unter dauernder Erneuerung des Wassers gewaschen. Der Beschaffenheit des Wassers kam dabei eine wichtige Bedeutung für die Qualität des Endproduktes zu, da die Eigenschaften desselben sich leicht der Kollodiumwolle mitteilten. Das Wasser darf nicht eisenhaltig sein; Eisenverbindungen würden die Kollodiumwolle grau bis rot färben. Es soll, bei den ersten Wäschen etwas kalkhaltig sein, doch ist für die letzten Wäschen weiches Wasser geeigneter, weil es etwa zurückgebliebene Kalkreste wieder entfernt. Der Kalkgehalt beschleunigt die Neutralisation der Säure; er beeinträchtigt aber die Löslichkeit und gibt trübe Lösungen. Anfangs wandte man nur Kaltwäschen an, weil durch das Kochen die Farbe der Kollodiumwolle ungünstig beeinflußt wird: sie bekommt einen Stich ins Graue. Auch wird beim Kochen die Faser etwas angegriffen und eine Veränderung der Molekularaggregate herbeigeführt, die wieder eine Verringerung der Viskosität verursacht. Um bei ausschließlichen Kaltwäschen neutrale Kollodiumwolle zu erhalten, brauchte man 2—3 Wochen und mehr Zeit, während der das Wasser dauernd erneut werden mußte. Dadurch wurde die Leistung stark beeinträchtigt und viel Wasser verbraucht; außerdem die Ausbeute durch Mitreißen von Nitrozelluloseteilchen im ablaufenden Wasser stark reduziert. Die Waschbottiche, bestehend aus großen, offenen Holzgefäßen, wurden terassenförmig so aufgestellt, daß das Wasser aus einem Bottich in den anderen floß. Vorher war allerdings der größte Teil der überschüssigen Säure in den sogenannten Vorwaschbottichen aus der Kollodiumwolle entfernt. Diese bestehen aus offenen Holzgefäßen mit Doppelboden, Überlaufrohr und Wasserzufluß. Der Doppelboden ist siebartig gelocht und besteht aus Holz, Aluminium oder gelochten, säurefesten Steinen. In diesen Bottich wird die Kollodiumwolle mittels Gefäßen oder Schwemmvorrichtungen eingebracht und unter dauerndem Erneuern des Wassers gewaschen. Darauf passiert sie bei dem Kaltwasserverfahren eine Reihe weiterer Waschbottiche.

c) Kochen der Kollodiumwolle.

Um den Waschprozeß zu beschleunigen, ging man bald dazu über, die Nitrozellulose zu kochen. Für Kollodiumwolle, bei der es auf gute, weiße Faser nicht ankommt, wie für Pulver-Kollodiumwolle, hatte man dieses Verfahren schon länger eingeführt. Die Kollodiumwolle wird zu diesem Zweck in Kochbottiche gebracht, die aus einem zylindrischen oder nach oben schwach konischen, runden Holzgefäß bestehen. Solche Gefäße werden aus hartem, harzfreiem Holz hergestellt, mit gelochtem Doppelboden. Die Zwischenschicht der beiden Böden ist mit einem Holzrohr versehen, welches in einer oberen Öffnung über die eingelagerte Kollodiumwolle hinausragt. Zwischen den Doppelböden sind Heizschlangen angebracht. Dunstrohr, Einfüllklappe, Zu- und Ablaufrohre vervollständigen die Einrichtung. Die Kollodiumwolle wird in diesen Gefäßen einem vier- bis zehnmaligen Kochprozeß von je 2—5 Stunden Dauer unterworfen, wobei das Wasser für jede Waschung erneuert wird. Das erwärmte Wasser tritt durch das Rohr in der Mitte des Bottichs nach oben, verteilt sich über die Kollodiumwolle und sinkt nach unten, die Wolle durchwaschend, um im Kreislauf immer wieder nach oben zu ziehen.

Vielfach wird in diesem Stadium ein oder mehrere Male mit verdünnter Schwefelsäure gewaschen, um etwa vorhandene freie Salpetersäure schneller zu entfernen, die freie Salpetersäure gewissermaßen durch die verdünnte Schwefelsäure verdrängt wird. Letztere läßt sich, wie bekannt, viel leichter auswaschen. Wird die Kollodiumwolle in diesem Stadium einer Bleiche unterzogen, so wird dies vor der Ansäuerung mit Schwefelsäure gemacht, da die Schwefelsäure dann gleichzeitig zur Neutralisation der Bleichlösung dient. Anstatt Schwefelsäure wird auch bisweilen verdünnte Salzsäure verwandt. Besonders ist darauf zu achten, daß weder Bleich- noch Säurelösung eine zu hohe Konzentration haben. Besser tut man, mit reichlich verdünnten Lösungen mehrere Male zu arbeiten. Die Schwefelsäure muß schließlich vollständig durch Nachwaschen beseitigt werden.

Das Warmwaschen bzw. Kochen dient zur restlosen Beseitigung der Säure und des Pentosans, auch zur Entfernung der Verbindungen, die beim Nitrierprozeß als unerwünschte Beigabe entstehen. Es sind dies

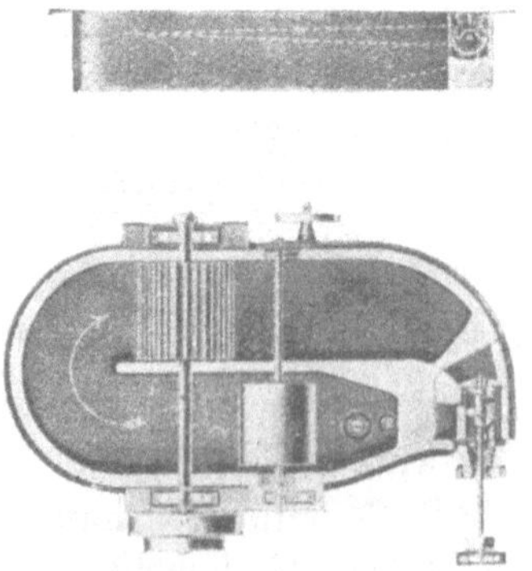

Abb. 50. Mahlholländer
Hemmer, Ladenburg

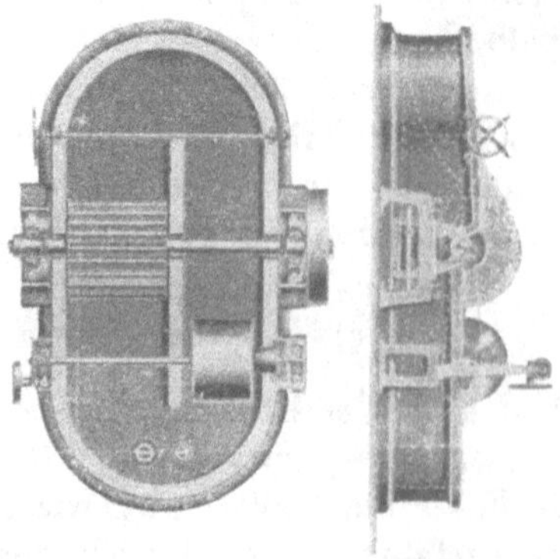

Abb. 51. Mahlholländer
Hemmer, Ladenburg

meist zucker- oder dextrinartige Stoffe. Auch evtl. entstandene Zelluloseschwefelsäureester müssen auf diese Weise beseitigt werden, da sie ebenfalls die Stabilität beeinträchtigen. Alle diese für die Lagerbeständigkeit ungünstigen Bestandteile werden zum größten Teil beim Kochprozeß beseitigt. Trotzdem bleiben in den feinen Poren stets noch Spuren zurück, die sich aus der Zellulosefaser im vorliegenden Zustand nicht entfernen lassen. Auch ist es außerdem für die später vorzunehmende Lösung der Kollodiumwolle nötig, dieselbe zu zerkleinern, weshalb man die Wolle einem

d) Mahlprozeß

unterwirft. Dieser wird in Mahlholländern oder in Planscheibenmühlen vorgenommen. Früher hatte man einfache Schlagrad- oder Kugelmühlen, in denen man die Kollodiumwolle unter ständigem Zufluß von Wasser bis auf Fasern von 0,05—1 mm Länge zerkleinerte. Heute verwendet man meistens sogenannte Mahlholländer für diese Zwecke (Abb. 50 und 51). Diese bestehen aus einer ovalen Wanne, in der an einer Seite des Bodens ein Messeraggregat aus V_2A-Stahl oder Kupfer angebracht ist. Über dieses rotiert eine Walze mit gleichartigen Messern. Die Kollodiumwolle bewegt sich im Kreislauf mit viel Wasser durch die Wanne und wird zwischen den Messern erfaßt und gemahlen. Eine Siebtrommel schöpft auf der anderen Seite des Holländers dauernd Wasser ab, während durch eine Frischleitung Wasser zufließt. Es wird also gleichzeitig auch weiter gewaschen. Am Boden der Wanne angebrachte Senkkästen dienen zur Aufnahme und zum Festhalten etwaiger grober Verunreinigungen wie Samenkapseln usw. Nach genügendem Mahlen, welches durch Ent-

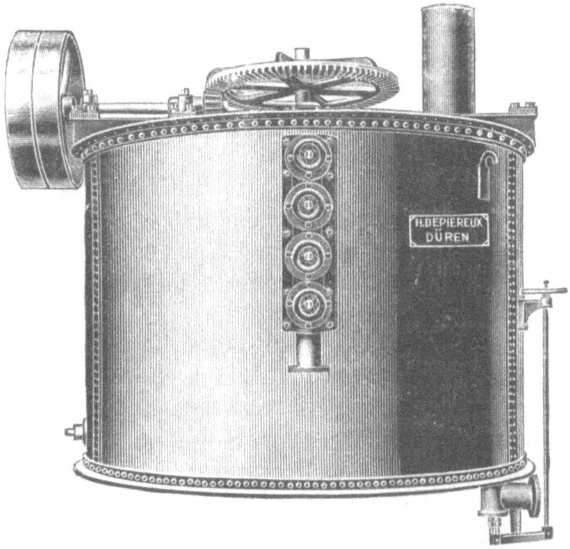

Abb. 52. Stabilisierbottich
Depiereux, Düren

nahme von Stichproben und Messen der Faserlängen unterm Mikroskop festgestellt wird, wird die Pülpe, bestehend aus gemahlener Kollodiumwolle und viel Wasser, in die Stabilisationsbottiche gepumpt.

Die Planscheibenmühlen bestehen aus einem stehenden Gehäuse, in dem mehrere Messersätze neben- und ineinander laufen. Ihre Leistung ist eine bedeutend größere als die der Holländer. Es fällt jedoch das gleichzeitige Waschen und Erneuern des Wassers fort. Gleichzeitig ist auch die Zerkleinerung der Faser nicht in so ausgiebigem Maße möglich wie beim Holländer. Die Faser wird höchstens bis zu 0,3 mm Länge zerrissen; doch genügt dies für die meisten Zwecke, insbesondere für Zelluloid, Kunstleder, Nitroseide und Lacke. Bei der Verarbeitung längerer Fasern braucht man zum Lösen mehr Zeit, doch ist dieser Nachteil im allgemeinen gering.

e) Das Fertigstabilisieren

erfolgt in Eisen- oder Holzbottichen mit Rührwerk (Abb. 52). Die Bottiche haben Doppelwände oder -böden, eventuell auch beides, und sind mit Heizeinrichtung versehen. Die Gefäße besitzen eine Dekantier-Vorrichtung, die es ermöglicht, das gebrauchte Wasser abzulassen, um es durch frisches zu ersetzen. Da die Kollodiumwolle in gemahlenem Zustande sich fein in dem Wasser verteilt, läßt man sie zum Zwecke der Wassererneuerung erst absetzen, um dann das überstehende klare Wasser mittels der Dekantier-Vorrichtung oder durch bewegliches Rohr abzusaugen. Die Kollodiumwolle wird einem mehrmaligen, je 2—5 Stunden dauernden Kochprozeß unterworfen. Eventuelle Zusätze von stark verdünnter Schwefelsäure dienen zur Erleichterung der Beseitigung freier Salpetersäure aus der Kollodiumwolle. Durch Verpuffungsproben stellt man den Fortschritt der Stabilisation fest und richtet hiernach die Anzahl und Dauer der einzelnen Kochwäschen.

Auch erfolgt in diesem Stadium die Schlußbleiche. Schwefelsäure und Bleichlösung müssen jedoch wieder restlos entfernt werden. Nach Beendigung der Stabilisation wird die Pülpe in den Großbetrieben, bei denen es auf Erzielung möglichst großer Chargen gleicher Qualität ankommt, in große Mischgefäße gepumpt.

Diese Mischgefäße, aus Eisen oder Beton hergestellt, sind am Boden mit Propellern versehen, die eine gute Durchmischung der einzelnen, kleineren, meist verschiedenartigen Chargen zu einer gleichmäßigen Kollodiumwollpülpe ermöglichen. Insbesondere dienen diese Mischer dazu, um bestimmte Kollodiumwollen in größeren Mengen mit bestimmten Eigenschaften zu mischen. Wie bereits erwähnt, stellen die Kollodiumwollen ein Gemisch von Nitrozellulosen verschiedener Eigenschaften dar. Auch lassen sich mehr oder weniger große Abweichungen bei der Fabrikation im Großbetriebe nicht vermeiden. Für bestimmte Zwecke muß man aber z. B. eine Kollodiumwolle mit einem Durchschnittsgehalt von 12,5 % Stickstoff haben. Man hat nun die Möglichkeit, in diesen Großmischgefäßen, die manchmal 10 000—50 000 kg Kollodiumwolle fassen, durch Zusatz von Kollodiumwolle mit höherem oder niedrigerem Gehalt den Durchschnittsgehalt der Mischung zu regulieren. Andererseits ist es zweckmäßig, für Zelluloid größere Mengen einheitlicher Farbe, besonders für Transparent und Weiß, die Kollodiumwolle vorher für den ganzen, oft mehrere tausend Kilogramm betragenden Auftrag zu mischen, damit Farbunterschiede der einzelnen Blöcke vermieden werden.

VI. Das Bleichen der Kollodiumwolle.

Die Zellulose, sei es Zellstoff, sei es Baumwolle, wird bei ihrer Vorbereitung zum Nitrieren bereits einem Bleichprozeß unterworfen. Derselbe genügt in den meisten Fällen jedoch nicht, um eine einwandfreie, klare Qualität in Zelluloid usw. herzustellen. Auch dunkelt die Kollodiumwolle beim Nitrieren nach, was ebenfalls ein Nachbleichen erforderlich macht. Man bleicht nun entweder zwischen den Kochprozessen die ungemahlene Kollodiumwolle, oder während des Kochens die gemahlene Kollodiumwolle oder beides nacheinander. Die Bleichlösung wird in vorbereiteter Verdünnung in die die Kollodiumwolle enthaltenden Gefäße eingelassen, nachdem vorher das überschüssige Wasser entfernt worden ist. Man läßt die Lösung 1—2 Stunden einwirken und wäscht dann mit reinem oder angesäuertem Wasser, je nach Art der Bleichmittel, nach. Als Bleichmittel werden verschiedene Stoffe verwendet.

Man bedient sich der unterchlorigsauren Salze, der Permanganate, der schwefligen Säure und des Wasserstoffsuperoxyds. Diese Art Bleichen bezeichnet man mit dem Sammelnamen chemische Bleichen.

a) Chemische Bleiche.

Die unterchlorigsauren Salze werden in verdünnter, wässeriger Lösung angewandt, so das Kalium- und Natriumhypochlorit und der Chlorkalk. Die Behandlung mit Chlorkalk erfolgt so, daß man eine ganz schwache (1 %ige) wässrige Lösung herstellt. Diese wird in die Kollodiumwolle enthaltenden Gefäße eingeführt und zum Einwirken 1—2 Stunden stehen gelassen. Sofort nach Ablassen der Lösung wird erst mit verdünnter Schwefelsäure oder Salzsäure (1—2 %) und dann mit reinem Wasser gründlich nachgewaschen. Bei der Anwendung von übermangansauren Salzen schlägt sich auf der Faser braunes Mangandioxyd nieder, das man durch verdünnte Schwefelsäure oder schweflige Säure später entfernen muß.

b) Elektrisches Bleichverfahren.

Dasselbe hat eine solche technische Durchbildung erfahren, daß es heute fast ausschließlich angewendet wird. Es hat wegen seiner mannigfachen Vorzüge die älteren Verfahren fast vollständig verdrängt und ist für Großbetriebe geradezu unentbehrlich geworden.

Das elektrische Verfahren besteht in der Herstellung einer Bleichflüssigkeit durch elektrolytische Zersetzung des Kochsalzes. Der hierbei auftretende Hauptprozeß besteht darin, daß das Chlornatrium in Chlor und Natrium zerlegt wird, daß das Natrium mit Wasser unter Wasserstoffentwicklung Natronlauge bildet, die sich mit dem freien Chlor zu unterchlorigsaurem Natron verbindet. Daneben treten aber, wie Oettel 1894 fand, noch andere Prozesse auf, die eine Chloratbildung sowie Rückbildung von Chlornatrium bewirken und nicht nur für den Bleichprozeß wertlos sind, sondern denselben noch verteuern, da auch diese Nebenprozesse elektrischen Strom verbrauchen. Durch geeignete Führung des Verfahrens können diese Nebenprozesse auf ein Minimum beschränkt werden. Die ersten Apparate, die vor zirka 40 Jahren versucht wurden, arbeiteten nur mit 5 Volt Spannung und waren auf Parallelschaltung eingerichtet. Durch Einführung der Reihenschaltung konnten später die Apparate mit den hochgespannten Strömen einer beliebigen vorhandenen Dynamomaschine betrieben werden. Die ursprünglichen, in der Anschaffung aber billigeren Kohleelektroden erwiesen sich insofern als unbrauchbar, als sie sich sehr rasch abnutzten und dadurch die Bleichlösung verunreinigten, so daß diese einer Filtration unterworfen werden mußte. Frei von diesen Nachteilen sind die von Kellner konstruierten Spitzenelektroden, das sind Platinelektroden von geringem Gewicht und Kosten. Die Zusammensetzung der Bleichflüssigkeit, die man in der Stärke von 1 % aktivem, d. h. als unterchlorigsaures Natron vorhandenem Chlor herstellt, richtet sich nach der Konzentration der vorhandenen Kochsalzlösung und der beim Prozeß angewandten Temperatur. Bei einer durchschnittlichen Temperatur von 20° C und einer 10 %igen Kochsalzlösung hat die erhaltene Bleichflüssigkeit bei 1 % aktivem Chlor folgende Zusammensetzung: 2,09 % unterchlorigsaures Natrium, 0,6 % chlorsaures Natrium, 7,9 % unzersetztes Chlornatrium, oder die in einer 10 %igen Kochsalzlösung enthaltenen 6 % Chlor sind in der Bleichflüssigkeit auf die darin enthaltenen Verbindungen folgendermaßen verteilt:

1,0 % auf unterchlorigsaures Natrium,
0,2 % auf chlorsaures Natrium,
4,8 % auf unzersetztes Chlornatrium.

Die besonderen Vorteile dieses Verfahrens liegen in der leichten Handhabung, seiner Billigkeit und dem leichteren Auswaschen als beim Chlorkalkverfahren.

Der erste, welcher die elektrische Bleiche bearbeitete, war Hermite. Er arbeitete in der Weise, daß er das zu bleichende Material mit Salzlösung durchtränkte und der Elektrolyse aussetzte. Jedoch hat sich dieses Verfahren nicht bewährt, und man ging dazu über, die Bleichlaugen im Elektrolyseur herzustellen und das Bleichen selbst in einem besonderen Gefäß vorzunehmen. Man nennt aber noch heute dieses Verfahren im ganzen elektrische Bleiche. Der Vorgang ist folgender:

Bei der Elektrolyse von Kochsalzlösung wird das Chlornatrium in Chlor und Natrium zerlegt:

$$2\,NaCl = 2\,Na + Cl_2$$

Das am negativen Pol (Kathode) gebildete Natrium reagiert sofort mit dem Wasser der Salzlösung unter Bildung von Natriumhydroxyd, wobei Wasserstoff:

$$2\,Na + 2\,H_2O = 2\,Na\,OH + H_2 \text{ entsteht.}$$

Das am positiven Pol (Anode) gebildete Chlor gibt mit dem an der Anode entstandenen Natriumoxyd unterchlorigsaures Natrium (Natriumhypochlorit)

$$Cl_2 + 2\,NaOH = NaCl + H_2O + NaOCl$$

Dieses ist die bleichende Flüssigkeit.

c) Apparate zur Herstellung der Bleichlauge.

In den meisten Betrieben wird die Bleichsubstanz selbst hergestellt. Praktische, wenig Raum einnehmende Apparate, billig arbeitend, sind als Elektrolyseure in Anwendung. Wegen der Wichtigkeit für die Kollodiumwoll-Bleiche wollen wir die wichtigsten Verfahren herausgreifen und kurz besprechen.

1. Kellner-Apparat.

Wird von Siemens gebaut und besteht aus Sandsteingefäßen, die durch Glaszwischenwände in einzelne Zersetzungszellen unterteilt werden. Die Elektroden sind als Platiniridiumdrahtnetze wagerecht eingebaut, indem Kathode und Anode untereinander liegen.

2. Siemens-Schuckert-Apparat

ist sehr beliebt und hat den Vorzug, daß die Bleichlauge durch besondere Maßnahmen bei nur einmaligem Laufe durch die Elektrolyseure hergestellt wird. Die Elektroden bestehen aus Platin-Kohle-Elementen, die in Tonrahmen eingebaut sind.

3. Siemens & Halske-Apparat.

Die Elektroden bestehen aus Graphit- oder Kohleplatten. Die Salzlösung fließt durch mehrere Zellen, die durch Unterteilung der Elektrolyseurwanne mittels Glaswänden geschaffen sind.

4. Griesheim-Elektron-Apparat.

Er arbeitet mit ruhenden Elektrolyten und vertikalen Elektroden. Im Anodenraum wird gleichzeitig Kaliumchlorat gewonnen.

5. Outhemin-Chalandre-Apparate

haben zylindrische Diaphragmenröhren aus porösem Porzellan.

6. Hargreaves-Bird-Verfahren

arbeitet mit stehenden Diaphragmen, mit bewegter Lösung nach der Kathode hin.

7. Siemens-Billiter-Verfahren

ist das bekannteste und zurzeit modernste Verfahren. Als Kathode wird ein horizontales Eisennetz verwendet, auf dem als Diaphragma Asbesttuch angeordnet ist, auf dem sich eine Schicht aus Schwerspat und Asbestwolle befindet. Als Anode verwendet man Graphit.

8. Glockenverfahren

verwendet Quecksilberkathoden, wird wenig benutzt wegen des hohen Quecksilberpreises.

Die Apparate werden so aufgestellt, daß die Bleichlösung aus den Sammelbecken in natürlichem Gefälle in die Bleichbottiche laufen kann. Andererseits werden auch Pumpen aus säurefestem Material zum Weiterdrücken der Flüssigkeit verwandt.

Abb. 52a. Kollodiumpresse (Altes Verfahren, S. 105)
Becker & van Hüllen A.-G., Krefeld

VII. Das Entfernen des Wassers aus der Kollodiumwolle.

1. Verdrängen des Wassers.

In einer Anzahl, wohl den meisten Fabrikationsverfahren, bei denen Kollodiumwolle verarbeitet wird, wird Alkohol in Verbindung mit anderen Mitteln wie Äther, Kampfer oder anderen Lösemitteln zum Lösen resp. Gelatinieren der Kollodiumwolle verwandt. Reiner Alkohol löst die Kollodiumwolle teilweise, dagegen geringgrädiger Alkohol, etwa 92—95 %, löst sie nicht. Diese letztere Eigenschaft des Alkohols in Verbindung mit der Eigenschaft, aus hygroskopischen Körpern Wasser zu verdrängen, wird benutzt, um das Wasser aus der Kollodiumwolle zum Zwecke der Weiterverarbeitung zu entfernen. Kollodiumwolle für Pulver, Zelluloid, Kunstleder, Nitroseide und einen großen Teil der Lacke wird auf diese Weise vom Wasser befreit. Das Wasser wird vom Alkohol verdrängt, daher der Name Verdrängungsprozeß.

Der Effekt wird durch zwei verschiedene Verfahren erzielt, durch das Zentrifugen- und das Preßverfahren.

a) Das Zentrifugen-Verfahren.

Es wird in sogenannten Verdrängern oder Alkohol-Zentrifugen ausgeführt und erledigt sich in folgender Weise:

Die verwendeten Zentrifugen sind etwas leichter gebaut als die Nitrier- oder Säure-Zentrifugen und haben eine perforierte Trommel aus Eisen oder vielfach aus Kupfer. Diese wird innen mit einem durchlässigen Stoffgewebe ausgelegt, nachdem man die senkrechte Innenwand vorher mit einem feinmaschigen Kupfernetz ausgekleidet hat. Filtertuch und Kupfergewebe dienen dazu, das Mitreißen von Kollodiumwollpartikeln durch das angeschleuderte Wasser und den Alkohol zu vermeiden. Als Filtertuch wird Bibertuch, Wollfiltertuch oder dichtes, starkes Leinen gebraucht. Über der durch Deckel verschließbaren Zentrifuge ist die Einlaufvorrichtung für den Alkohol angebracht. Am Boden der Zentrifuge befindet sich ein Ablauf mit Zweiwegehahn, um die ablaufende Wasser-Alkohol-Flüssigkeit, in stark wässrige und mehr alkoholhaltige getrennt, in verschiedene Bassins zum späteren Rektifizieren laufen zu lassen. Die Kollodiumwolle kommt mit etwa 30—35 % Wassergehalt aus den Lager- oder Transportgefäßen in die Zentrifuge und wird mittels Holzstössel festgestampft. Darauf wird die Zentrifuge in langsame, rotierende Bewegung gesetzt und Alkohol zulaufen gelassen. Die Zentrifuge erhält dann zirka 4—8 Minuten hohe Touren, 1200—1500 Umdrehungen pro Minute. Dadurch wird zunächst der größte Teil des Wassers aus der Kollodiumwolle entfernt. Nach Stillsetzung der Zentrifuge erfolgt eine weitere Bespritung und nochmaliges Zentrifugieren bei hoher Tourenzahl. Vielfach wird der beim zweiten Male ablaufende Wassersprit durch besondere Einrichtung hochgepumpt und bei der nächsten Charge für das erstmalige Bespriten verwendet. Es ist darauf zu achten, daß das Filtertuch dicht genug ist, da sonst zuviel Kollodiumwollteilchen mitgerissen werden. Das Verfahren eignet sich natürlich nicht für stark alkohollösliche Kollodiumwolle, die sowohl löslich in reinem Alkohol als auch in wässrigem Alkohol vorkommt. Man würde in diesem Fall zu starke Verluste durch Auflösen der Kollodiumwolle und Abgang mit dem Alkohol haben.

Die Zentrifugen werden sowohl mit Riemen- als auch mit Wasserantrieb geliefert. Ein daran angebrachter Tourenzähler dient zur Kontrolle der Umdrehungen und ein Schauglas mit Aräometer ermöglicht die Kontrolle des Alkoholgehalts der abfließenden Flüssigkeit.

b) Verdränger-Pressen.

Dieses Verfahren, seit etwa 20 Jahren bekannt, hat den Vorteil, weniger Verlust durch Abgang und Lösung der Kollodiumwolle durch den Verdränger-Alkohol zu bringen; auch erfolgt die Verdrängung des Wassers und die Befeuchtung mit Alkohol gleichmäßiger. Während man beim Zentrifugieren mit einer nachherigen Durchschnitts-Alkoholfeuchtigkeit von mindestens 30—35 % auf Trockenmasse gerechnet rechnen muß, kann man beim Pressen die Alkoholfeuchtigkeit auf 20—25 % herabsetzen. Durch die Eigenart des Schleuderns beim Zentrifugieren erhält man naturgemäß ungleichmäßige, feuchte Kollodiumwolle. Die am Rand der Zentrifugentrommel lagernde Kollodiumwolle hat infolge der größeren Schleuderwirkung weniger Alkohol als die mehr nach der Mitte der Zentrifugentrommel lagernde Kollodiumwolle.

Diese Nachteile treten bei den Verdrängerpressen nicht auf. Sie arbeiten wie folgt: das Zylindergefäß oder wie es hier heißt, der Verdränger, ist aus Kupfer mit Preßschauglas eingerichtet. Die Kollodiumwolle wird von Hand in den Zylinder eingeführt und festgestampft. Nach Verschrauben der durch einen Filzdeckel abgeschlossenen Zylinder wird der Alkohol aus einem Alkoholmeßgefäß mittels komprimierter Luft durch die Masse gedrückt, wodurch das Wasser verdrängt wird. Der abfließende Wasser-Alkohol wird auch hier wieder getrennt nach seiner Grädigkeit gesammelt. Nach Öffnen des Bodenverschlusses wird die Kollodiumwolle mittels Druckluft in geeignete, luftdicht verschließbare Gefäße gepreßt.

Ein anderes, ähnliches Verfahren geht dahin, daß der Alkohol mittels hydraulisch betriebener Druckstempel in die Kollodiumwolle ein- und durchgedrückt wird, wobei gleichzeitig eine für bestimmte Weiterverwendungszwecke geeignete Pression und Formbildung der Kollodiumwollmenge herbeigeführt wird. Die Pressen werden sowohl für zylindrische als für kubische Formgebung verwendet.

c) Automatisches Verdränger-Verfahren.

Ein neues Verfahren des Verdrängens des Wassers durch Alkohol geht von der wasserfeuchten und pumpfähigen Kollodiumwolle aus, wobei das erste Zentrifugieren der Pülpe bis auf 35 % Wasser auch fortfällt. Sinnreiche Einrichtungen dieser Apparatur ermöglichen ein fast vollständig automatisches Arbeiten unter Vermeidung großer Verdunstungsflächen, um größere Spritverluste zu ersparen. Es ist allerdings eine Einrichtung, die sich infolge ihrer großen Leistungsfähigkeit nur für Großbetriebe eignet. Die Apparatur besteht aus einem Aggregat von 2—4 Pressen, die mit verschiedenen automatisch arbeitenden Vorrichtungen verbunden sind, mittels deren Entwässern und Spriten der Kollodiumwolle fast vollständig ohne manuelle Hilfe erfolgt. Diese Entwässerungs- und Spritpresse dürfte wohl das technisch Vollkommenste auf dem Gebiet darstellen sowohl in bezug auf Leistung, Vereinfachung und Verbilligung der Fabrikation, ferner absolute Gewähr für eine gleichmäßige, entwässerte und durchgespritete Nitrozellulose. Nachdem die Nitrozellulose in pumpfähigem Zustand das Mischwerk verlassen hat, wird diese über einen Separateur geleitet. der mit feiner Kupfergaze überzogen ist. Der größte Teil des Wassers läuft hier durch die Kupfergaze ab und die vorentwässerte Nitrozellulose wird in einen mit Ausläufern versehenen Aluminium-Bunker geleitet. Durch eine ausrückbare Transportschnecke, deren Schneckentrog doppelwandig innen mit Siebblechen ausgerüstet ist, wird die Zellulose dem Fülltrog der Presse zugeführt. Die Schnecken sind beliebig ein- und ausrückbar und wird auf diesem Wege durch die Siebbleche eine weitere Vorentwässerung erreicht. Die Entwässer sammeln sich in dem äußeren Blechmantel. Die Transportschnecke führt das Material in die Schwenktöpfe der Entwässerungspressen. Nachdem der eine Zylinder bis zum Rande gefüllt ist, wird derselbe um 180° versetzt, unter den Druckzylinder gebracht und verriegelt. Der nunmehr beginnende Arbeitsprozeß des hydraulischen Preßkolbens wird zwangsweise durch einen Steuerautomaten, der durch Registriermanometer kontrolliert wird, ausgeführt und geht wie folgt vor sich:

Der untere Kolben, der mit einer Hohlwelle versehen ist, fährt gegen den Schwenktopf, so daß der untere Teil des Topfes vollständig dicht abgeschlossen ist. Gleichzeitig wird eine im unteren Teil des Schwenktopfes eingelegte Siebplatte selbsttätig ausgelöst. Die eingelagerte Nitrozellulose lagert nunmehr auf dem oberen Kopf des eingefahrenen unteren Kolbens. Das Anfahren des unteren Kolbens wird durch eine Zentrifugalpumpe, mit Umlauf versehen, von zirka 30 Atm. Druck bewirkt. Durch ein Rückschlagventil wird der Kolben in seiner oberen Lage festgehalten. Nunmehr wird durch Weiterschalten des Steuerautomaten der obere Kolben des Preßzylinders auf die im Schwenktopf befindliche Nitrozellulose gesetzt, sodann beginnt der eigentliche Arbeitsprozeß des Entwässerns und kann der Abfluß des der Wolle anhaftenden Wassers, zirka 75 %, durch die Hohlwelle des unteren Kolbens in einem Lagerbehälter entweichen. Von hier aus können die Entwässerungen nochmals gesiebt werden, damit keine Nitrozellulose verloren geht.

Durch Weiterschalten des Steuerautomaten wird der Druck von 30 Atm. im oberen und unteren Preßzylinder auf zirka 200 Atm. erhöht. Ist dieser Druck erreicht, was an den registrierenden Manometern sofort zu ersehen ist, so wird der Steuerautomat weitergeschaltet. In dieser Stellung wird der Druck des oberen Kolbens abgestellt und durch die Zentrifugalpumpe automatisch zurückgezogen. Der entwässerte Nitrozellulosekuchen bleibt in der Presse auf dem unteren Sieb zurück und hat eine Höhe von zirka 50 cm. Die Entwässerung dieses Kuchens ist gleichmäßig und ohne jedwede Blasen.

Nachdem der Preßzylinder wieder seine obere Stellung erreicht hat, wird Alkohol zugesetzt. Die Menge des Alkohols wird durch ein Meßgefäß genau festgelegt und mittels eines Schwenkrohres aus diesem in den Zylinder geleitet. Durch Weiterschalten des Steuerautomaten wird der Alkohol zunächst mit 30 Atm. durch den Nitrozellulosekuchen gepreßt, was durch ein Schauglas im unteren Auslauf der Hohlwelle festgestellt werden kann. Durch Weiterschalten erhöht sich der Druck auf 200 Atm. und durch eine nochmalige Weiterschaltung auf zirka 450 Atm.

Nunmehr ist die Entwässerung und Alkoholbefeuchtung der Nitrozellulose vollendet. In der nächsten Schaltung des Steuerautomaten senkt sich der untere Kolben und der obere Kolben drückt den fertigen Nitrozellulosekuchen aus dem Schwenktopf heraus. Derselbe hat nunmehr eine Höhe von zirka 30 cm. Je nach dem Stickstoffgehalt enthält die Nitrozellulose 2—5 % Wasser und zirka 25 % Sprit.

Nicht unerwähnt soll bleiben, daß durch zwangsläufige Umstellung der durch das Schauglas laufende Alkohol in einem besonderen Behälter abgeleitet wird, also mit anderen Worten, daß Wasser und Alkohol in getrennten Behältern aufgefangen werden.

Vermöge ihrer geschlossenen Konstruktion haben diese Verdränger-Pressen keine offenen Verdunstflächen. Die Bedienung ist eine einfache und hierfür sind ungeschulte Leute ohne weiteres zu verwenden. Zur Bedienung eines Aggregats von 4 Pressen genügen 2 Arbeiter zur Bedienung der Steuerautomaten, ein jüngerer zur Bedienung der Transportschnecke und Alkoholzuführung und ein vierter Arbeiter zum Verwiegen und Einpacken der gepreßten Kuchen.

Bei Verarbeitung von Zellulose lassen sich mit einem Aggregat bei ununterbrochener Arbeitszeit eine Tagesleistung von zirka 5500 kg Nitrozellulose erreichen. Bei Verarbeitung von Linters oder Baumwolle dürfte sich die Leistung von 5500 auf zirka 6500 kg erhöhen. Kraftverbrauch zirka 500 Kilowattstunden.

Diese Apparatur eignet sich infolge ihrer hohen Leistung naturgemäß, wie bereits erwähnt, nur für Großbetriebe.

2. Trocknen der Kollodiumwolle.

Die vorbeschriebenen Arten des Wasserverdrängens sind, wie bereits erwähnt, am meisten im Gebrauch. Es gibt jedoch auch Fälle, in denen man Kollodiumwolle verwenden muß, die keinerlei Alkohol enthalten darf, z. B. für Lacklösungen, die nicht mit Alkohol, sondern mit anderen Lösemitteln hergestellt werden müssen. Ferner benötigt man häufig Kollodiumwolle, die sehr stark alkohollöslich ist, so stark, daß auch beim Bespriten mittels Pressen ein großer Teil der Kollodiumwolle gelöst würde und verloren ginge. In diesen Fällen bleibt naturgemäß der einzige Weg offen: das Trocknen in Trockenkammern. Das muß allerdings außerordentlich vorsichtig ausgeführt werden. Auch müssen die betreffenden Trockenhäuser mit allen modernen Vorsichtseinrichtungen wie Temperaturkontrolle, Außenkanalheizung, Isolierung gegen andere Arbeitsräume usw. eingerichtet sein.

Die Kollodiumwolle ist mit einem Alkoholgehalt von 30 % für Bahn-Transport versandfähig. Die warmgetrocknete Kollodiumwolle wird zweckmäßig in den betreffenden Lösemitteln, mittels welchen sie später verwendet wird, erst gelöst und dann versandt. Sie wird zu diesem Zwecke in Knetmaschinen gelöst und in Pastenform in mit Zinkblech ausgeschlagenen Kisten oder Blechbüchsen versandt.

3. Altes Verfahren.

Der Vollständigkeit halber wollen wir das Kapitel nicht schließen, ohne das lange im Gebrauch gewesene alte Verfahren zu erwähnen. Bei diesem Verfahren verfuhr man in der Weise, daß die Kollodiumwolle mit 60—100 % Wasserfeuchtigkeit in Tücher eingeschlagen und in einfachen oder Etagenpressen ausgepreßt wurde. Man nahm dann die in Platten von 10—15 mm Höhe und 60×60 cm Größe gepreßte Kollodiumwolle mit den Tüchern heraus und besprengte sie mittels Gießkanne mit Alkohol. Dies wurde mehrere Male wiederholt, bis man 2—5 % Wassergehalt und 20—30 % Alkohol in der Kollodiumwolle hatte. Der ausfließende Alkohol wurde nach Möglichkeit wiedergewonnen. Das Verfahren stellte eine äußerst primitive Arbeitsweise dar mit geringer Leistungsfähigkeit und größerem Verlust an Alkohol und Kollodiumwolle.

VIII. Abfall-Kollodiumwolle.

a) Säureabfall der Kollodiumwolle.

Bei den einzelnen Fabrikationsphasen der Herstellung von Kollodiumwolle entstehen vielfach Verluste. Zunächst nimmt die in die Sammelkessel abgelassene, gebrauchte Mischsäure Kollodiumwollteilchen mit, die zum Teil bereits durch Filter, welche in die Ableitung eingebaut sind, wiedergewonnen werden. Die Filter bestehen aus Töpfen von feuerfestem Material, welche ein aus gleichem Material hergestelltes Sieb haben. Auch Aluminium ist hier vielfach als Werkstoff im Gebrauch. Um nun die feinen, z. T. gelösten Kollodiumwollfasern zurückzuhalten, benutzt man Glaswolle, mit der das Filtergefäß teilweise gefüllt wird. Von Zeit zu Zeit wird das Gefäß geleert, die Kollodiumwolle in einem besonderen Waschgefäß gesammelt und die Glaswolle gereinigt. Es ist notwendig, diese Kollodiumwolle besonders zu sammeln, da sie in ihren Eigenschaften, Stickstoffgehalt, Löslichkeit usw. von der sonstigen, regulären Kollodiumwolle abweicht. Die trotz des Filters noch mit der Mischsäure mitgerissenen Kollodiumwollteilchen werden im Sammelkessel der Mischsäure festgehalten. Sie bilden einen Säureschlamm, der sich nach einiger Zeit am Boden des Säurekessels ansammelt. Da diese Nitrozelluloseteilchen bei weiterem Arbeiten mit derartig verunreinigter Mischsäure die herzustellende neue Kollodiumwolle verunreinigen und ihre Qualität ungünstig beeinflussen, ist es notwendig, nach einiger Zeit diesen Schlamm sich im Kessel absetzen zu lassen und die reine Mischsäure abzuhebern. Der Säureschlamm wird dann ebenfalls herausgepumpt und durch Glaswollfilter gereinigt. Durch Nachgießen von Säure wird der Kessel restlos gesäubert und für Mischsäure bereitgestellt. Auch die aus diesem Säureschlamm gewonnenen Kollodiumwollen sind zunächst mit der aus dem Leitungsrohrfilter gewonnenen Menge zu waschen und für Weiterverarbeitung zu sammeln.

b) Waschabfall der Kollodiumwolle.

Weitere Abgänge an Kollodiumwolle entstehen beim Waschen, Bleichen, Stabilisieren und evtl. weiteren Behandlungen. Schon im ungemahlenen Zustande wird durch das Wasser bei der häufigen Erneuerung desselben stets Kollodiumwolle, trotz der an den Auslauföffnungen befindlichen Siebe, mitgerissen. Noch mehr ist dies der Fall bei der gemahlenen Kollodiumwolle, wo selbst Filtertücher dies nicht ganz vermeiden können. Erhöht wird der Verlust noch durch evtl. Undichtigkeiten von Kochgefäßen, Dichtungen, Anschlüssen usw.

Um nun dieses Material wenigstens zum größten Teil zurückzugewinnen, wird das gesamte Abwasser in ein Fangbassin resp. Fangkeller geleitet. Man legt dieselben zweckmäßig möglichst gedeckt gegen Sonnenlicht an, um ungünstig wirkende Sonnenbestrahlung zu vermeiden. In das Fangbassin baut man Umlaufzwischenwände nebst Überlaufabschnitten ein, damit die Kollodiumwolle vielfach Gelegenheit findet, sich abzusetzen.

Das nach Passieren dieses Sammelbassins ablaufende Wasser passiert dann ein weiteres, mit Kalk beschicktes Sammelbecken, in dem dasselbe vor dem Weiterlauf in die Ableitung neutralisiert wird.

c) Reinigung resp. Entsandung der Kollodiumwolle.

Die im Fangbecken sich sammelnde Abfallkollodiumwolle, die sogenannte Kellerwolle, wird nach Ansammlung einer bestimmten Menge

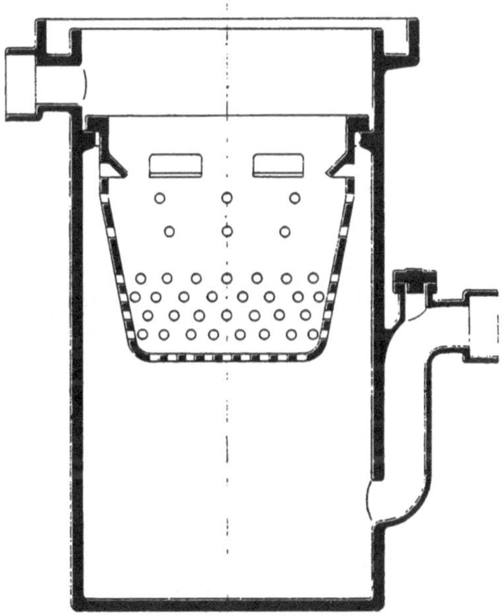

Abb. 53. Säurefilter

herausgenommen und bearbeitet. Zu diesem Zwecke wird dieselbe zunächst einem Reinigungs- und Entsandungsprozeß unterworfen. Die Wolle wird mit reichlich Wasser durch eine Entsandungsapparatur geschickt, die aus einer Anzahl stufenweise angeordneter konischer Blechgefäße besteht.

Durch die Zuleitung wird die Pülpe in das 1. Gefäß gepumpt und durch Zulauf von Wasser mittels eines gekrümmten Einlaufrohres in rotierende Bewegung gesetzt. In dem entstehenden Wasserwirbel setzen sich alle schweren Teile in dem konischen, engen Teile des Gefäßes zu Boden, während die Pülpe durch Überlauf in das 2. Gefäß läuft, um dieselbe Prozedur noch einmal durchzumachen. Durch Anbau weiterer Etagen kann die Pülpe weiter gereinigt werden. Selbst noch so sehr verschmutzte Kollodiumwolle wird auf diese Weise, insbesondere bei vier- und mehretagiger Apparatur, vollständig entsandet und gesäubert. Alle schwereren Teilchen wie Sand, Samenkapseln und sonstige Verschmutzungen setzen sich ab und werden durch den unteren Hahn abgelassen. Die Gefäße baut man in Größen von 100—500 Litern Inhalt. Nach Passieren der Reinigungsapparatur wird die Kellerwolle in Holländern gemahlen und

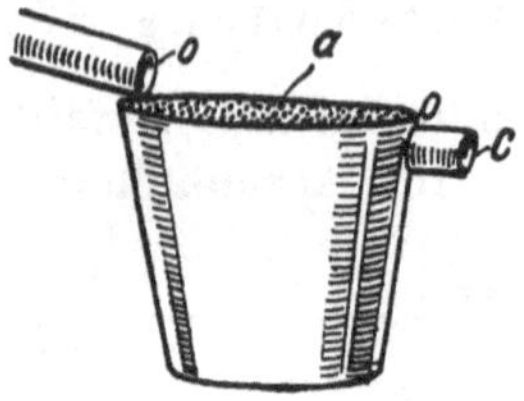

Abb. 54. Säurefilter

darauf besonders intensiv stabilisiert. Hierzu fügt man nun die aus den Säurefiltern gewonnene Kollodiumwolle, nachdem dieselbe vorgewaschen worden ist.

Diese Kollodiumwolle, die sogenannte Kellerwolle, ist äußerst unstabil. Sie ergibt ferner nie ein regulär zu verarbeitendes Material. Sie enthält meist einen großen Prozentsatz unlösliche oder schlechtlösliche Beimengungen. In der Verarbeitung ergibt sie eine „kurze", schlecht gelatinierfähige und in der Transparenz trübe Masse. Man verarbeitet sie entweder für mindere Zelluloidqualitäten wie hochbeschwertes Schwarz, Weiß oder gedecktes Buntmaterial oder aber man verschneidet sie mit anderen Kollodiumwollen für bestimmte Zwecke, z. B. zur Herstellung von Kunstleder. Immer aber ist es notwendig, sie gesondert zu behandeln und zu verarbeiten. Obige Apparatur wird auch zum Reinigen von Kollodiumwolle der laufenden Fabrikation gebraucht, insbesondere dann, wenn durch Verwendung minderer Lintersqualitäten die Verschmutzung der Kollodiumwolle eine Reinigung notwendig erscheinen läßt.

IX. Niedrig-viskose Kollodiumwolle.

Mit der zunehmenden Einführung der Nitrozelluloselacke, besonders deren Verwendung in der Automobil- und Möbelfabrikation, erhielt die Kollodiumwolle ein sehr weit ausgedehntes, neues Verwendungsgebiet. Die Einführung der Spritztechnik ermöglichte es, in Verbindung mit der Schnelltrocknung der Nitrolacke, den Gebrauch derselben in weitgehendstem Maße einzuführen. Heute ist der Verbrauch von Kollodiumwolle für Nitrolacke bereits mengenmäßig auf fast der gleichen Höhe wie für Zelluloid.

Nitrozelluloselacke kennt man schon seit einigen Jahrzehnten. Dieselben wurden anfangs hergestellt durch Auflösung von Zelluloid resp. Transparent- resp. Filmabfällen, wobei man nötigenfalls entsprechende Farben zusetzte. Diese Lacke nannte man Zaponlacke und ihre Verwendung „zaponieren". Jedoch ist die Verwendung eine begrenzte, da sich höchstens 5—10 % Zelluloid gebrauchsfertig in Lösung verwenden läßt und infolgedessen dieser Lack nur eine verhältnismäßig dünne Schicht gibt. Es hängt dies mit den zur Herstellung von Zelluloid und Filmen verwendeten, hochviskosen Wollen zusammen. Einen weiteren Nachteil brachten die im Zelluloid und Film zum Gelatinieren benutzten Gelatinierungsmittel, insbesondere Kampfer, die nach Auftragen des Lackes zu schnell verdunsten und infolgedessen die Elastizität des Lackhäutchens nachläßt. Ferner war man nie recht über die Zusammensetzung des Lackes unterrichtet, da die zur Herstellung von Zelluloid und Filmen angewendeten Nitrozellulosen sowie Kampfer oder dessen Ersatzmittel sowohl in der Qualität als auch in der prozentualen Qualität im Verhältnis zueinander sehr schwankten. Man ging deshalb dazu über, Kollodiumwolle selbst zu verwenden unter Zusatz entsprechender Gelatinierungs- und Weichhaltungsmittel.

Aber auch die anfangs verwendeten Kollodiumwollen ergaben schon in Lösungen von 5 % sehr hochviskose Lösungen, so daß sich nur Lacke mit verhältnismäßig recht wenig Lackkörper herstellen ließen. Man stellte allerdings auch damals keine zu hohen Anforderungen an den Lack, so daß Jahre hindurch diese Art Kollodiumwolle und die daraus hergestellten Lacke genügten. Insbesondere bei der Lackierung von Metallgegenständen verlangte man eine möglichst unsichtbare, aber harte Haut als Schutz gegen Feuchtigkeit.

Erst die Anwendung auf den oben erwähnten Gebieten der Automobil- und Möbelindustrie machte die Verwendung von Lacken mit größeren Mengen an Lackkörpern notwendig. Man suchte daher die Herstellung „niedrig-viskoser" Kollodiumwollen zu ermöglichen, d. h. Kollodiumwollen, deren Lösung bei gleichem Prozentsatz an Lösemitteln eine bedeutend geringere Viskosität aufwies als die gleich konzentrierten

Lösungen der bisherigen Kollodiumwollen. Es sollte also möglich sein, in derselben Menge Lösemittel eine größere Menge Kollodiumwolle spritzfertig zu lösen als bisher. Der aufgetragene Film mußte dicker sein; andererseits sollten sich Farbstoffe in größerer Menge eintragen lassen.

Man fabrizierte also die niedrigviskosen Kollodiumwollen und fand ein neues Fabrikationsgebiet, welches zeit zehn Jahren von weittragender Bedeutung geworden ist. Man machte sich zur Erreichung des Zieles verschiedene Beobachtungen zunutze, die sowohl die Art resp. Eigenschaften des verwendeten Rohmaterials, die Zellulose, als auch die verschiedenen Methoden ihrer weiteren Bearbeitung zu Nitrozellulose, die Nitrierung und Stabilisierung, betrafen. Man hat gefunden, daß Zellulosen, welche stark gebleicht wurden, hohen Oxyzellulosegehalt besaßen und als Nitrozellulose sehr niedrigviskose Lösungen ergaben. Man fand ferner, daß, je höher die Nitriertemperatur ist, je länger die Baumwolle in der Nitriersäure bleibt, desto dünnflüssiger die Kollodiumlösung wurde. Vgl. Tabelle Nr. 7, 8, 9, 10.

Ferner ergaben Untersuchungen, daß Lösungen von Kollodiumwolle aus normal vorbereiteter Baumwolle, welche nach dem Nitrieren wenig gewaschen wurden, also noch Spuren von Säuren und Verunreinigungen zeigten, sehr dickflüssige (hochviskose) Lösungen brachten. Dagegen sank die Viskosität beträchtlich nach mehrmaliger Wiederholung des Waschens und Stabilisierens. Mit Zunahme der chemischen Beständigkeit nahm die Viskosität ab. Daraus ergab sich, daß man durch weitere Wiederholungen des Kochprozesses ebenfalls die Viskosität beeinflussen konnte. Es lag also nahe, die Einwirkung des Kochprozesses intensiver zu gestalten. Zu diesem Zwecke verfolgte man zwei Wege: der erste war der, daß man die Kollodiumwolle mit einer 1—2 %igen alkalischen oder sauren Lösung behandelte. Man kochte die Kollodiumwolle in ungemahlenem oder gemahlenem Zustande ein bis mehrere Stunden, evtl. wiederholte man dies mehrere Male. Man mußte daraufhin dann wieder mit neutralem Wasser nachkochen, um die Säure resp. Alkali restlos zu entfernen. Der zweite Weg ergab sich durch den ersten dann von selbst. Das Kochen mit Alkali oder Säure brachte insofern Nachteile, als hierdurch die Nachwäschen vermehrt und die Ausbeuten verringert wurden. Man suchte ein Verfahren von intensiverer Nachbehandlung resp. Einwirkung durch den reinen Kochprozeß. Dieses wurde gefunden in der Durchführung des Kochprozesses in Autoklaven. Man kochte unter Druck von 1,2—6 Atm., wobei die Temperatur auf 135—140° erhöht wurde, und erzielte das gewünschte Resultat.

Ein anderer Punkt, dessen Beachtung durch diese verschiedenen Versuche zur Beachtung sich hervordrängte, war das Ergebnis der Ausbeute bei diesen verschiedenartigen Behandlungen der Zellulose und der Nitrozellulose. Man fand, daß die Einwirkung der verschiedenen Chemi-

Tabelle 11.

Nr.	Nitriersäure HNO_3 %	H_2SO_4 %	H_2O %	Dauer d. Nitr. Min.	Gehalt an N %	Viscosität n. Cochius Sek.	Bemerkungen
1	38	42	20	33	11,2	930	Baumwolle ungemahlen, nur zwei Stunden kalt gewaschen.
2	38	42	20	33	11,2	480	Baumwolle ungemahlen, 6 mal à 2 Stunden gekocht.
3	38	42	20	33	11,2	395	Baumwolle 6 mal vorgekocht, gemahlen, 6 mal nachgekocht à 2 Stunden.
4	38	42	20	33	11,2	82	Baumwolle gemahlen wie vor. jedoch außerdem zwischen 7 und 8 Kochwäschen einmal zwei Stunden unter Zusatz von 1 % Phosphorsäure gekocht.
5	38	42	20	33	11.2	385	Baumwolle 6 mal vorgekocht, gemahlen, 6 mal nachgekocht.
6	38	42	20	33	11,2	158	Baumwolle 6 mal vorgekocht und gebleicht, einmal gekocht mit 1 % Schwefelsäurelösung, gemahlen, 6 mal nachgekocht.
7	38	42	20	33	11,2	28	wie vor, jedoch beim zweiten Nachkochen mit 2 % Salzsäure gekocht.
8	38	42	20	33	11,2	1	wie vor, jedoch zum Schluß 12 Stunden im Autoklaven bei 140° behandelt.

kalien sowohl auf die Zellulose in der Vorbereitung, als auch auf die Nitrozellulose stark reduzierend auf die Ausbeute wirkte.

Schon bei der besonders starken Bleichbehandlung der Zellulose, gleichgültig, ob Baumwolle oder Zellstoff, wird die Ausbeute stark vermindert. Bereitet man die Baumwolle in eigenen Betrieben vor, so ergibt dies naturgemäß an sich schon eine Verteuerung des Rohproduktes, wozu noch die Erhöhung des Preises durch vermehrte Arbeitslöhne, Dampf und Wasser kommt. Kauft man die Zellulose mit bestimmten Eigenschaften, in diesem Falle mit hohem Oxyzellulosegehalt (Kupferzahl), so drückt sich das vorher beschriebene Ergebnis in dem höheren Preis aus, den man gegenüber normal behandelter Zellulose, Baumwolle oder Zellstoff zahlen muß. Andererseits ergibt eine derartige Zellulose bei normaler Nitrierung immer wieder nur eine beschränkt niedrige Viskosität. Eine weitere Nachbehandlung ist trotzdem, wenn man niedrigviskose Kollodiumwolle haben will, notwendig.

Man nitrierte Zellulose mit hoher Kupferzahl einmal mit normaler Mischsäure bei normaler Temperatur, ein andermal mit hoher Temperatur bei gleicher Nitrierzeit. Das Ergebnis zeigt Tabelle 12.

Es wurde Baumwolle mit Kupferzahl 7,9 nitriert. Mischsäure war in allen Fällen gleich.

Tabelle 12.

Nr.	Nitriersäure HNO_3 %	H_2NO_4 %	H_2O %	Dauer des Nitr. Min.	Temp. °C	Viskosität n. Cochius Sek.	Ausbeute %
1	38	42	20	35	22	85	125
2	38	42	20	35	40	22	113
3	38	42	20	35	55	12	103
4	38	42	20	45	55	9	102
5	38	42	20	60	55	6	96

Wir ersehen hieraus ein rapides Herabsetzen der Viskosität der Kollodiumwolle bei Erhöhung der Temperatur, aber auch ein starkes Fallen der Ausbeutezahlen.

Desgleichen ergab eine Erhöhung der Dauer der Nitrierung eine weitere Reduktion der Viskosität, aber auch der Ausbeute. Daraus ergibt sich, daß die ohnehin schon stark angegriffene Zellulose durch erhöhte Temperatur und Nitrierdauer noch mehr angegriffen, teilweise gelöst wird und mit der Säure abgeht.

Eine andere Versuchsreihe wurde in folgender Weise durchgeführt: normal vorbereitete Baumwolle mit niedriger Kupferzahl wurde mit normaler Mischsäure, Temperatur und Zeit behandelt, wobei eine gut lösliche Kollodiumwolle mit hoher Viskosität erzielt wurde. Diese wurde dann im ungemahlenen und im gemahlenen Zustande einer Nachbehandlung mit Alkali oder wässrigen Säuren, Salpeter-, Salz- oder Schwefelsäure, unterworfen. Das Ergebnis zeigt sich in nachstehender Tabelle 13.

Auf diese Weise kommt man also dem Ziele einer niedrigviskosen Kollodiumwolle bei guter Ausbeute wesentlich näher. Wir sehen, daß die Einwirkung je nach der Dauer des Kochens mehr oder weniger intensiv ist. Wir sehen aber auch, daß man bei gemahlener Kollodiumwolle bessere Einwirkung der Chemikalien erzielt, als bei ungemahlener. Allerdings geht die Ausbeute bei der gemahlenen Kollodiumwolle zurück, was durch Lösung durch die Chemikalien resp. leichteres Abgehen mit dem Wasser zu erklären ist.

In bezug auf den Vorgang, der durch diese Nachbehandlung in der Kollodiumwolle vorgeht, ist zu sagen, daß hier zweifellos eine Veränderung der Zellulose-Molekular-Aggregate vorgenommen wird. Das Aggregat scheint einer Veränderung in seiner Größe, die durch die Art seiner Zusammensetzung möglich ist, nachzugeben.

Die bisher beschriebenen Verfahren zeigen alle den Nachteil, daß die Ausbeute mehr oder weniger verringert wird. Durch die Art der Behandlung, Erhöhung der Temperatur der Mischsäure, Verlängerung der Nitrierdauer, Behandlung mit Alkali oder wässriger Säure ist aber ein

Tabelle 13.

Nr.	Nitriersäure HNO$_3$ %	H$_2$SO$_4$ %	H$_2$O %	Dauer des Nitr. Min.	Temp. °C	Viskosität nach Cochius Sek.	Ausbeute %	Nachbehandl. Std.	Bemerkungen
1	38	42	20	35	25	210	135	—	Normale Behandlg.
2	38	42	20	35	25	62	128	4	Ungemahlene Kollodiumwolle mit wässriger Soda gekocht.
3	38	42	20	35	25	60	121	4	Gemahl. Kollodiumwolle mit wässriger Soda gekocht.
4	38	42	20	35	25	33	127	8	Ungemahlene Kollodiumwolle mit wässriger Soda gekocht.
5	38	42	20	35	25	28	123	8	Gemahl. Kollodiumwolle mit wässriger Soda gekocht.
6	38	42	20	35	25	58	129	4	Ungemahlene Kollodiumwolle mit 1 % Ammoniaklösung gekocht.
7	38	42	20	35	25	37	124	4	Gemahl. Kollodiumwolle mit 1 % Ammoniaklösung gekocht.
8	38	42	20	35	25	38	127	6	Ungemahlene Kollodiumwolle mit 2 % Schwefelsäure gekocht.
9	38	42	20	35	25	17	119	6	Gemahl. Kollodiumwolle m. 2 % Schwefelsäure gekocht.
10	38	42	20	35	25	12	123	6	Ungemahlene Kollodiumwolle mit 2 % Schwefelsäure 2 mal 6 Stunden gekocht
11	38	42	20	35	25	9	116	6	Gemahl. Kollodiumwolle m. 2 % Schwefelsäure 2 mal 6 Std. gekocht.

Gebraucht wurde Baumwolle mit Kupferzahl 1,7.

weiteres Angreifen der Zellulosefaser, ein teilweises Auflösen derselben, nicht zu vermeiden. Im Zusammenhang mit diesen Erwägungen kommt man auch in bezug auf die wässrige Alkali- oder Säurelösung zu dem Resultat, daß man diese auf keinen Fall zu stark nehmen darf, um größere Verluste zu vermeiden. Besser ist es schon, mit ganz schwachen Lösungen zu operieren und dafür den Prozeß zu wiederholen.

Man ging jedoch hierin noch weiter und versuchte, das gegebene Ziel durch Kochen ohne Chemikalienzusatz zu erreichen. Je mehr Kochwäschen, desto größer die Verminderung der Viskosität, war das Resultat.

Eine weitere Verbesserung wurde dann erzielt durch die Bearbeitung in Autoklaven. Gemahlene Kollodiumwolle wird in 10—20 % wässriger Suspension zwei und mehr Stunden einem intensiven Kochprozeß bei

110—140° C unterworfen. Die Autoklaven bestehen aus doppelwandigem Eisen- oder besser noch V_2A-Material und fassen 3 bis 10 cbm. Sie haben Rührwerk und Sicherheitsventil. Die Pülpe wird mittels Pumpe hineinbefördert und nach Beendigung des Prozesses langsam mittels Kühlwasser, welches man durch den Doppelmantel der Autoklaven schickt, gekühlt. Diese Art der Behandlung der Kollodiumwolle, aus hochviskoser niedrigviskose Kollodiumwolle zu erzielen, führt sich mehr und mehr ein.

Berl fand, daß man hochkonzentrierte und dabei dünnflüssige Nitrozelluloselösungen erhalten kann, wenn man die Zellulose vor der Nitrierung nach Entfernung des Wassers längere Zeit bei Gegenwart von inerten, sauerstofffreien Gasen in Kohlensäure, Stickstoff, Wasserglas, abgekühltes Feuergas oder überhitzten Wasserdampf auf höhere Zeit erhitzt. Auch er kommt zu dem Resultat, daß die dabei eintretende Depolymerisation der Zellulose die Erreichung niedrigviskoser Kollodiumwollen günstig beeinflußt.

Chandelon fand, laut Kunstseide 1922[1]), daß Kollodiumwolle, die in einem dicht geschlossenen Behälter, z. B. einem Autoklaven, in Gegenwart verdünnter Schwefel-, Salz-, Salpeter- oder Phosphorsäure oder einer Mischung dieser Säuren bestimmte Zeit erhitzt wurde, so verändert wird, daß sie sich leichter löst. Je nach der Temperatur und dem mehr oder weniger hohen Druck, sowie der Dauer der Behandlung und der mehr oder minder starken Verdünnung der Säuren ist die behandelte Nitrozellulose mehr oder weniger leicht löslich, daher niedriger oder höher viskos. Die Erhöhung hat ihre Ursache nicht in einer Umwandlung der Nitrozellulose in ein weniger nitriertes Produkt, sondern ist auf eine Umwandlung der molekularen Zusammensetzung zurückzuführen. Er unterwarf die Kollodiumwolle vor oder nach dem Mahlen 2—3 Stunden in Autoklaven einer Temperatur von 104—140° C unter Zusatz verdünnter Säuren. Die Säure betrug 1½—2 % der Wassermenge, der Druck 1,2 bis 3,7 Atm. Hierauf wurde die Kollodiumwolle wie üblich fertig behandelt.

Wir haben demnach eine Anzahl von Verfahren, um niedrigviskose Kollodiumwollen zu erzielen:

1. Zellulose mit hoher Kupferzahl wird bei erhöhter Mischsäuretemperatur nitriert, 40—60° C, übliche Nitrierdauer: 25—40 Minuten.
2. Zellulose mit hoher Kupferzahl wird bei gewöhnlicher Temperatur von 22—26° C, jedoch längerer Nitrierdauer nitriert. Nitrierdauer: 2—3 Stunden.
3. Hochviskose Nitrozellulose wird ein oder mehreren Kochprozessen unter Zusatz von 1—2 % Schwefel-, Salz-, Salpeter-, Phosphorsäure oder Ammoniak unterworfen.

[1]) Kunstseide, Berlin 1922.

4. Hochviskose Nitrozellulose wird ein oder mehreren Kochprozessen mit oder ohne Zusatz von Säuren in Autoklaven unterworfen bei 104—140° C und 1,2—4 Atm. Druck.

Milliken[1]) stellte fest, daß bei der Bearbeitung der hochviskosen Kollodiumwolle unter Druck stets eine relativ geringe Denitrierung verbunden ist, und daß der Stickstoffgehalt fällt, allerdings nicht sehr stark. So fand er, daß Kollodiumwolle bei Verringerung ihrer Viskosität von 500 auf 1/2 Sekunde durch Digerierung unter Druck in wässriger Suspension gleichzeitig ihren Stickstoffgehalt von 12,25 auf 12,05 % reduzierte. Die abgespaltenen Produkte gehen in die wässrige Suspension über und werden beim nachfolgenden Waschen entfernt. Die Entfernung der Gase, die sich bei der Bearbeitung im Autoklaven bilden, machte naturgemäß einige Schwierigkeiten. Die sich entwickelnden Stickoxyde wurden von der fasrigen Nitrozellulose zurückgehalten und brachten die Masse zum Hochsteigen. Um ein sicheres Arbeiten zu gewährleisten, mußte man darauf bedacht sein, daß möglichst jedes einzelne Zelluloseteilchen in die Flüssigkeiten eintauchte und daß die Masse während des Kochprozesses in kräftiger Bewegung gehalten wurde. Trotzdem konnte man nicht vermeiden, daß sich häufig in den Kochern gefährliche Überdrucke bildeten, wenngleich auch niemals eine Detonation zu beobachten war. Die Gefahr, welche eine Verkochung in Autoklaven mit sich brachte, war also nicht so sehr durch die geringe Zersetzung der Nitrozellulose bedingt, vielmehr bestand eine ähnliche Gefahr wie bei Dampfkesselexplosionen. Um diese Gefahr einzudämmen, kam man auf den Gedanken, die Verkochung der Nitrozellulose nach einem kontinuierlichen Verfahren durchzuführen, wobei die erforderliche Wassermenge bedeutend reduziert und im Falle eines Versagens die Dampfausströmung auf den Querschnitt des benutzten Rohrsystems beschränkt ist. Nach einigen Vorversuchen ging man dazu über, die Nitrozellulose in folgender Weise zu behandeln: eine Suspension von gereinigter Nitrozellulose und Wasser wird ein Rohrsystem von 10 cm Durchmesser und 1200 m Länge gepumpt, welches an der Zugangsstelle durch Dampf erhitzt und am Ausgang durch Wasser gekühlt wird. Um eine plötzliche Verdampfung des Wassers zu vermeiden, werden die Heizrohre unter Druck gesetzt, indem man sie an ein Standrohr von 60 m Höhe anschloß, das durch ein Stahlgerüst gestützt war. Strömungsgeschwindigkeit und Temperatur der Mischung werden laufend kontrolliert, so daß jede gewünschte Viskositätsverringerung genau eingehalten werden kann. Den erforderlichen Druck liefert eine Reihe von Zentrifugalpumpen. Da bei der kurzen Reaktionsdauer von 25 Minuten, welche das Gemisch zum Durchlaufen des Rohrsystems benötigt, bei erhöhter Temperatur gearbeitet werden muß, hatte man für eine schnelle und ausreichende Abkühlung am Ende des Rohrsystems

[1]) Ind. Engin. Chem. Bd. 22, Nr. 4, S. 326 (1930). Referat Zelluloid-Industrie 1930.

Sorge zu tragen. Um eine Anhäufung der bei der Zersetzung gebildeten Gase zu vermeiden, wurde der kontinuierliche Kochprozeß so geführt, daß die entstehenden Gase von der Nitrozellulosesuspension mitgeführt werden und keine Gelegenheit finden, sich an toten Rohrstellen festzusetzen. Um den Wärmebedarf ökonomisch zu gestalten, wird der Abdampf der Erhitzer sowie das erwärmte Kühlwasser der Kühlanlage für die Aufbereitung der folgenden Chargen verwendet. Nach dem Ende zu wurde in das Rohrsystem ein Pyrexglasrohr eingebaut, damit der Aufseher die Strömungsgeschwindigkeit der Suspension beobachten kann, trotzdem das System unter einem Druck von über 100 lbs. pro sq. inch. steht.

Da die gesamte Einrichtung aus säurefestem Metall besteht, ist das erzielte Produkt frei von Sand und sonstigen Verunreinigungen. Ein weiterer Vorteil der kontinuierlichen Anlage besteht auch darin, daß jedes Nitrozelluloseteilchen erfaßt und damit eine Nitrozellulose von einheitlicher Viskosität, frei von schwer- oder unlöslichen Anteilen entsteht. Auch weist die so hergestellte Nitrozellulose eine bemerkenswert hohe Stabilität auf. Das im kontinuierlichen Prozeß gewonnene Produkt ist der im Autoklaven gekochten Nitrozellulose in mancher Hinsicht überlegen, nur ist es von etwas dunklerer Farbe, die jedoch auch für hellste Nitrolacke keineswegs störend ist. Zusammenfassend wird gesagt, daß der kontinuierliche Kochprozeß die Erzeugung großer Quantitäten ermöglicht und die Herstellung eines stets gleichmäßigen Produktes mit einem Minimum an Arbeitsaufwand gewährleistet. Während des Betriebes befinden sich ständig 600 lbs. Nitrozellulose im System, zusammen mit etwa 13 000 lbs. Wasser.

Die beschriebenen Verfahren werden heute fast sämtlich noch angewandt. Besonders günstige Ergebnisse haben sowohl die unter 3) und 4) angeführten als auch das von Milliken beschriebene Verfahren gezeigt. Maßgebend für die Entscheidung für das eine oder andere Verfahren sind Anschaffungs- und Betriebskosten, dann aber auch Ausbeute und Qualität des Endproduktes. Das unter 4) beschriebene Verfahren gibt 125 bis 130 % Ausbeute und helle, klare Qualität. Das Verfahren nach Milliken arbeitet schneller, gibt ebenfalls gute Ausbeute, doch ist die Nitrozellulose etwas dunkler in der Farbe, sie hat einen Stich ins Graue angenommen. Ferner sind die Anschaffungskosten für das letzte Verfahren ein Mehrfaches des vorherigen. Verschleiß und Reparaturkosten entsprechend hoch.

Der ständig steigende Bedarf an niedrigviskoser Kollodiumwolle, die weiterhin steigenden Ansprüche an die Kollodiumwollen von seiten der Verbraucher bieten dem Chemiker und Ingenieur gerade auf diesem Gebiet noch manche Aufgaben zur Lösung.

X. Die Eigenschaften der Kollodiumwolle in ihrer Beziehung zur weiteren Verarbeitung.

Untersuchung der Kollodiumwolle.

Für die Kontrolle der verschiedenen Herstellungsphasen, für die Feststellung und Bestimmung der weiteren Verwendungsmöglichkeit und der hierzu benötigten Eigenschaften der Kollodiumwolle wird dieselbe sowohl während der Herstellung als auch nach Beendigung derselben einer Reihe von Untersuchungen unterworfen. Für jede Verwendungsart sind besondere Eigenschaften der Kollodiumwolle Voraussetzung. Stickstoffgehalt, Löslichkeit, Viskosität, Farbnuance der gebleichten Kollodiumwolle sind bestimmend für ihre weitere Verarbeitung. Allen Kollodiumwollen, gleichgültig, für welchen Zweck sie bestimmt sind, muß höchste Stabilität und dadurch bedingte beste Lagerfähigkeit eigen sein.

1. Faserlänge.

Für bestimmte Verwendungszwecke, z. B. für Fabrikation von rauchschwachem Pulver, darf die Faserlänge der gemahlenen Kollodiumwolle eine bestimmte Grenze nicht überschreiten. Zur Kontrolle derselben entnimmt man während des Mahlens dem Holländer an verschiedenen Stellen Proben, die man in wässriger Suspension unter dem Mikroskop durch Aufbringen auf ein Glaslängenmaß mißt. Auf diese Weise bestimmt man, ob der Mahlprozeß beendet oder fortgesetzt werden muß. Bei fertiger Kollodiumwolle entnimmt man verschiedene Proben an verschiedenen Stellen der Charge. Diese mischt man und drückt sie durch ein Kupfersieb aus Drahtnetz, dessen Löcher 1 mm weit sind. Darauf läßt man einen kleinen Teil in wässriger Suspension und entnimmt dieser verschiedene Tropfen, die man in gleicher Weise wie oben prüft.

2. Bleichgrad, Farbnuance.

Eine große Anzahl Weiterverarbeitungsarten gestatten die Verwendung ungebleichter Kollodiumwolle. Das heißt, daß der Zellstoff oder die Baumwolle wohl schon gebleicht sind vor dem Nitrieren, daß aber das Bleichen nach dem Nitrieren wegfallen kann. Solche Kollodiumwollen werden verwendet zu rauchschwachem Pulver, ferner zu verschiedenen Zelluloidqualitäten wie Schwarz, Braun und anderen gedeckten, dunklen Farben, vielfach auch für Schildpatt; außerdem für plastische Preßmaterialien wie Trolit, Zellureth usw. Für andere Zwecke dagegen muß dieselbe jedoch mehr oder weniger gut gebleicht sein. Für helle, transparente und weiße Zelluloidqualitäten, für Lacke, Filmfabrikation, Nitroseide werden nur gebleichte Kollodiumwollen verwendet. Das

Bleichen fällt naturgemäß nicht immer gleichmäßig aus. Teils ist schon das Rohmaterial, Baumwolle oder Zellstoff, verschieden, teils wirkt auch das Bleichmittel unterschiedlich ein, so daß die eine Charge heller, die andere dunkler erscheint. Man prüft die verschiedenen Chargen in der Weise, daß man eine einwandfreie, tadellose, helle Kollodiumwolle als Standardmuster gut trocken und dunkel gelagert aufbewahrt und zur oberflächlichen Vergleichsbestimmung mit der Chargenwolle vergleicht. Eine zweite Probe ist die, daß man aus beiden Wollen mit den gleichen Lösemittel-Lösungen in gleicher Konzentration herstellt und beide Lösungen im Reagenzglas gegen Tageslicht gehalten auf ihre Nuancen prüft. Gleichzeitig kann man in diesem Falle auch die Einwirkung der Anilinfarbstoffe durch gleichmäßigen Zusatz erproben.

3. Feuchtigkeit.

a) Wassergehalt.

Dieser wird in der Weise bestimmt, daß man 10 g genau gewogene Kollodiumwolle im Trockenschrank bei 50—60° C oder auch im Vakuum-Exsikkator bis zum konstanten Gewicht trocknet und dann abwiegt. Die Gewichtsdifferenz ergibt die Feuchtigkeit.

b) Alkoholfeuchtigkeit.

Man entnimmt aus den verschiedenen Gefäßen, in denen die betreffenden zu untersuchenden Chargen gepackt sind, etwa 5—6 verschiedene Proben und mischt dieselben, indem man sie durch ein Kupfersieb durchreibt und miteinander vermischt. Darauf gießt man etwa 100 g dieser gut gemischten Menge und löst sie in Lösungsmitteln, in Ätheralkohol, Essigäther oder Azeton auf und füllt auf ein bestimmtes Volumen etwa 1000 ccm. Darauf mißt man hiervon ein bestimmtes Volumen ab, und zwar so, daß der erwartete Nitrozellulosegehalt etwa 2—3 g beträgt (etwa 25 ccm). Nun füllt man die abgemessene Lösung in einen Kolben, den man vorher abgewogen hat, und erwärmt unter Evakuieren des Kolbens im Wasserbade. Nach vollständigem Verdampfen des Lösungsmittels läßt man es trotzdem noch einige Minuten unter ständigem Evakuieren im Wasserbade, kühlt ab und wiegt das ganze. Zur Kontrolle bringt man den Kolben nach dem Abwiegen nochmals unter Evakuieren ins Wasserbad und trocknet nochmals etwa 10 Minuten lang. Wenn die Gewichtsabnahme beim zweitenmal weniger als 0,2 % beträgt, kann man das Gewicht als richtig ansehen.

4. Fremde Beimischungen.

Dieselben bestehen in der Hauptsache aus unnitrierter Zellulose und werden in folgender Weise festgestellt: man kocht 1 g Kollodiumwolle mit 25 ccm Schwefelnatriumlösung (1 : 4) genau 10 Minuten lang. Die

Lösung wird durch einen Goochtiegel mit Asbestfilter filtriert, mit heißem Wasser ausgewaschen, getrocknet und gewogen. Der Gehalt an fremden Beimengungen darf nicht mehr als 0,5 % betragen.

5. Kohlensaurer Kalk.

Man mischt 20 ccm $\frac{1}{5}$-Normalsalzsäure und 10 ccm destilliertes Wasser, dem man 5 g trockene Kollodiumwolle zusetzt, und 15 Minuten lang kocht. Darauf wird abgekühlt und mit $\frac{1}{5}$-Normalnatronlauge unter Verwendung von Phenolphtalein zurücktitriert. Die Anzahl der verbrauchten Kubikzentimeter $\frac{1}{5}$-Normalsalzsäure dividiert durch 5 gibt den Prozentgehalt an kohlensaurem Kalk. Dieser darf nur unter 0,1 % liegen.

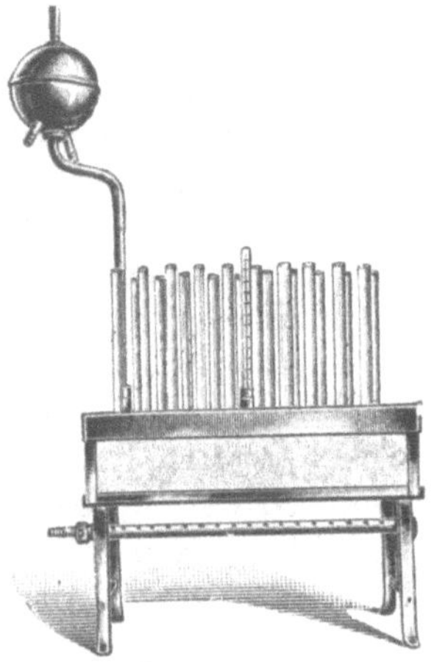

Abb. 55. Stabilisationsapparat Gerhardt Bonn

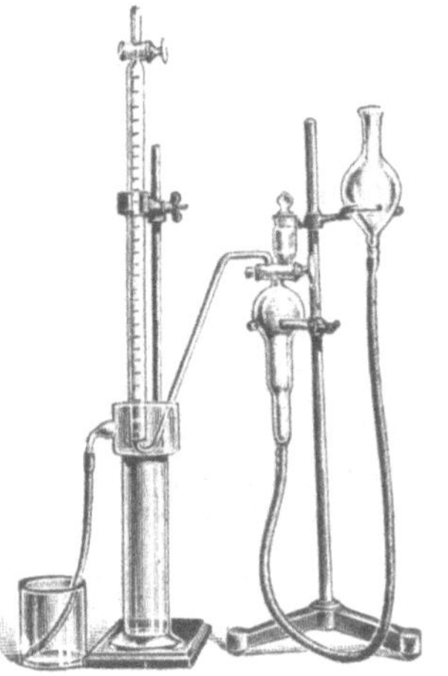

Abb. 56. Nitrometer Schultze-Tiemann, Schlösing

6. Asche.

Etwa 10 g genau abgewogene Kollodiumwolle werden in einer Platinschale mit konzentrierter Salpetersäure bis zur völligen Trockenheit verdampft. Der Rückstand wird geglüht und gewogen.

7. Verpuffungsprobe.

Hierzu benutzt man die üblichen Stabilisationsapparate (Abb. 55). Der abgebildete Apparat besteht aus einem starken Ölbafgefäß aus Kupfer mit einer Einstellvorrichtung für 6 Röhren oder mehr, evtl. einer Rührvorrichtung, die dazu dient, das Öl in Bewegung und auf gleicher Temperatur zu halten. Die Kollodiumwolle wird bei 40—50° C getrocknet, darauf gesiebt und nochmals im Vakuum-Exsikkator über Schwefelsäure getrocknet. Ein Reagenzglas, welches vorher gut mit Alkohol gereinigt worden ist, wird mit 0,1 g dieser trockenen Kollodiumwolle beschickt und in das Ölbad bei einer Temperatur von 100° C gebracht. Unter ständigem Umrühren des Öles wird die Temperatur des Bades in der Minute um rund 5° C gesteigert, so daß nach 16 Minuten die Temperatur von 180° C erreicht wird. Gut stabile und lagerfähige Kollodiumwolle darf nicht unter 183° C verpuffen.

8. Stickstoffgehalt.

Dieser wird nach verschiedenen Methoden bestimmt.

a) Methode Devarda[1]).

0,5 g der Nitrozellulose werden in einem etwa 700 ccm fassenden Kolben mit 15 ccm Wasserstoffsuperoxyd (12 Volumenprozent) und 60 ccm 10 %iger Kali- oder Natronlauge langsam auf 50—60° C erwärmt. Sobald die Lösung klar geworden ist, erhitzt man einige Minuten zum Sieden, darauf kühlt man bis zum völligen Erkalten und gibt 2½ g Devardasche Legierung in gut gepulvertem Zustand hinzu und verbindet den Kolben sofort mit einem Kühler. Dieser ist am Ende mit einem Einleitungsrohr verbunden, das in 25 ccm N/5-Schwefelsäure eintaucht. Wenn die Reduktion des Stickstoffs zu Amoniak aufgehört hat, was sehr spontan erfolgt, destilliert man ⅓ des Kolbeninhalts ab und titriert das Destillat mit N/10-Kali- oder Natronlauge unter Verwendung von Methylorange oder Methylrot als Indikator. Die Berechnung ist folgende: hat man a Gramm Nitrozellulose eingewogen, dann ist der Stickstoffgehalt = 0,14 (50—b) a %, wenn b die Anzahl Kubikzentimeter ist, die zum Zurücktitrieren der Schwefelsäure gebraucht wird.

b) Methode Lunge[2]).

Die Kollodiumwolle wird in konzentrierter Schwefelsäure gelöst, darauf im Nitrometer in Quecksilber geschüttelt und die entstandenen Kubikzentimeter NO abgelesen (Abb. 56).

Die Reaktionsgleichung, auf der diese Methode beruht, ist folgende:

$$HNO_3 + H_2SO_4 + 6\ Hg = 2\ NO + 3\ Hg_2 + SO_4 + H_2O.$$

Zu ihrer Bestimmung bedient man sich des Nitrometers, welches gleichzeitig zur Messung des entsprechenden Stickoxydgases dient. Der Apparat besitzt am oberen Ende des Nitrometers einen Rezipienten, der stumpfwinklig zu diesem gestellt und darin luftdicht eingeschliffen ist. Der Rezipient ist zum Einfüllen der Schwefelsäure mit einem oben durch Glasstopfen verschließbaren Hahntrichter versehen, der eine 6-ccm-Marke hat. Man verfährt in folgender Weise: nachdem der

---

1) Seeligmann-Zieke, Handbuch der Lack- und Firnis-Industrie, Berlin 1930.
2) Lunge, Berl. Untersuchungsmethoden.

Apparat mit konzentrierter Schwefelsäure gründlich gereinigt und mit Wasser gut nachgespült ist, werden etwa 0,3 g trockene Kollodiumwolle genau gewogen, in den Rezipienten eingebracht und dieser bei geöffnetem Trichterhahn in das Nitrometer eingesetzt, nachdem das Quecksilber vorher auf den Nullpunkt des Nitrometers eingestellt worden ist. Alsdann wird der Trichterhahn geschlossen und 6 ccm konzentrierter Schwefelsäure in den Trichter gefüllt. Jetzt wird durch Öffnen des unteren Nitrometerhahnes und Senken des Füllrohres eine Druckverminderung im Nitrometer hergestellt. Durch langsames Öffnen des Trichterhahnes wird die Schwefelsäure in den Rezipient gesaugt. Man schließt den Trichterhahn wieder und setzt den Verschlußstöpsel des Trichters gut ein. Nach völliger Lösung der Kollodiumwolle wird der Rezipient gedreht und sein Inhalt mit dem Quecksilber langsam in Berührung gebracht. Darauf wird so lange geschüttelt, bis keine Volumenzunahme des entstandenen Gases mehr stattfindet. Das Niveau des Quecksilbers im Füllrohr wird dann auf ein Siebentel des Schwefelsäurevolumens höher gestellt als das Niveau des Quecksilbers im Nitrometer. Nach 10 Minuten wird das Volumen des Gases abgelesen und die Temperatur des Quecksilbers und der Barometerstand festgestellt. Das entwickelte Stickoxyd hat nunmehr mit dem Luftsauerstoff des Rezipienten Salpetersäure gebildet. Die Anzahl Kubikzentimeter des Rezipientenvolumens wird daher mit 0,209 multipliziert und das Produkt zu der Anzahl der abgelesenen Kubikzentimeter addiert. Ferner wird für Stickoxydabsorption für je 1 ccm Schwefelsäure 0,035 ccm gerechnet und für je 27 ccm Rezipientenvolumen und 1 Grad Temperaturunterschied vor und nach dem Versuch 0,1 ccm zugezählt, wenn die Temperatur gesunken, oder abgezogen, wenn die Temperatur gestiegen ist. Der Stickstoffgehalt wird nach folgender Formel berechnet.

$$p = \frac{b \cdot V \cdot 273}{760\,(273 + t)} \cdot \frac{0{,}0013422 \cdot 100 \cdot 14}{g \cdot 30}$$

p = Gehalt an Stickstoff in Prozenten,
b = Barometerstand,
V = Volumen,
g = Gewicht der Kollodiumwolle,
t = Temperatur des Gases.

Das gefundene Gasvolumen muß zum Zwecke der Verrechnung auf 0^0 und 760 mm Druck reduziert werden, wozu man sich der Korrektionstabelle bedient.

Eine andere Formel zur Errechnung des Stickstoffgehalts ist die nachstehende:

$$\%\ N = \frac{A \cdot P \cdot 100 \cdot 0{,}6267}{760 \cdot (1 + t) \cdot p}$$

Korrektion der Gasvolumina[1]).

t °C	760 (1+ t)	t °C	760 (1+ t)	t °C	760 (1+ t)	t °C	760 (1+ t)
10,0	787,8540	15,1	802,0595	20,1	815,9865	25,1	829,9135
1	788,1325	2	802,3381	2	816,2651	2	830,9121
2	788,4111	3	802,6166	3	816,5436	3	830,4706
3	788,6896	4	802,8952	4	816,8222	4	830,7492
4	788,9682	5	803,1737	5	817,1007	5	831,0277
5	789,2467	6	803,4522	6	817,3792	6	831,3062
6	789,5252	7	803,7308	7	817,6578	7	831,5848
7	789,8038	8	804,2879	8	817,9363	8	831,8633
8	790,9823	9	804,0093	9	818,2149	9	832,1419
9	790,3609	16,0	804,5664	21,0	818,4934	26,0	832,4204
11,0	790,6394	1	804,8449	1	818,7719	1	832,6989
1	790,9179	2	805,1235	2	819,0505	2	832,9775
2	791,1965	3	805,4020	3	819,3290	3	833,2560
3	791,4750	4	805,6806	4	819,6076	4	833,5346
4	791,7526	5	805,9591	5	819,8861	5	833,8131
5	792,0321	6	806,2376	6	820,1646	6	834,0916
6	792,3106	7	806,5162	7	820,4432	7	834,3702
7	792,5896	8	806,7947	8	820,7217	8	834,6487
8	792,8677	9	807,0733	9	821,0003	9	834,9237
9	793,1463	17,0	807,3518	22,0	821,2788	27,0	834,2058
12,0	793,4248	1	807,6303	1	821,5573	1	835,4843
1	793,7033	2	807,9089	2	821,8859	2	835,7629
2	793,9819	3	808,1874	3	822,1114	3	836,0414
3	794,2604	4	808,4660	4	822,3930	4	836,3200
4	794,5390	5	808,7445	5	822,6715	5	836,5985
5	794,8175	6	809,0230	6	822,9500	6	836,8770
6	795,0960	7	809,3016	7	823,2286	7	837,1556
7	795,3746	8	809,5801	8	823,5071	8	837,4341
8	795,6531	9	809,8587	9	823,7857	9	837,7127
9	795,9317	18,0	810,1372	23,0	824,0642	28,0	837,9912
13,0	796,2102	1	810,4175	1	824,3427	1	838,2697
1	796,4887	2	810,6943	2	824,6213	2	838,4583
2	796,7673	3	810,9728	3	824,8998	3	838,8268
3	797,0458	4	811,2514	4	825,1784	4	839,1054
4	797,3244	5	811,5299	5	825,4569	5	839,3839
5	797,6029	6	811,8084	6	825,7354	6	839,6624
6	797,8814	7	812,0870	7	826,0140	7	839,9410
7	798,1600	8	812,3655	8	826,2925	8	840,2195
8	798,4385	9	812,6441	9	826,5711	9	840,4981
9	798,7171	19,0	812,9226	24,0	826,8496	29,0	840,7766
14,0	798,9956	1	813,2011	1	827,1281	1	841,0551
1	799,2741	2	813,4797	2	827,4067	2	841,3337
2	799,5527	3	813,7582	3	827,6852	3	841,6122
3	799,8312	4	814,0386	4	827,9638	4	841,8908
4	800,1098	5	814,3153	5	828,2423	5	841,1693
5	800,3883	6	814,5938	6	828,5208	6	841,4478
6	800,6668	7	814,8724	7	828,7994	7	842,7264
7	800,9454	8	815,1500	8	829,0779	8	842,0049
8	801,2239	9	815,4925	9	829,3565	9	843,2835
9	801,5025	20,0	815,7080	25,0	829,6350	30,0	843,5620
15,0	801,7810						

1 ccm NO enthält in Milligramm { 0,627 N; 1,343 NO } entspricht in Milligramm { 2,060 NO_2; 2,820 HNO_3 }

Diese Zahlen sind bei der Berechnung des Prozentgehaltes für die volumetrische Bestimmung in die dazu aufgestellte Formel entsprechend einzusetzen.

---

1) Lunge-Berl Untersuchungsmethoden.

Hier ist A das gefundene Gasvolumen, P der Barometerstand, 0,6267 das Gewicht des in einem Liter Stickoxyd enthaltenen Stickstoffs, 760 · (1 + t) der Korrektionsfaktor und p das Gewicht der angewandten Nitrozellulose.

c) Methode Schultze — Thiemann — Schlösing.

Bei diesem Verfahren wird die Nitrozellulose mit Eisenchlorür und Salzsäure zersetzt und das gebildete NO über Natronlauge aufgefangen. 0,3 g getrocknete Kollodiumwolle werden in verschlossenen, reinen Wägegläschen genau abgewogen und mit etwa 30 ccm Wasser in das Entwicklungskölbchen gebracht (Abb. 57 u. 58). Dann wird der Stopfen auf-

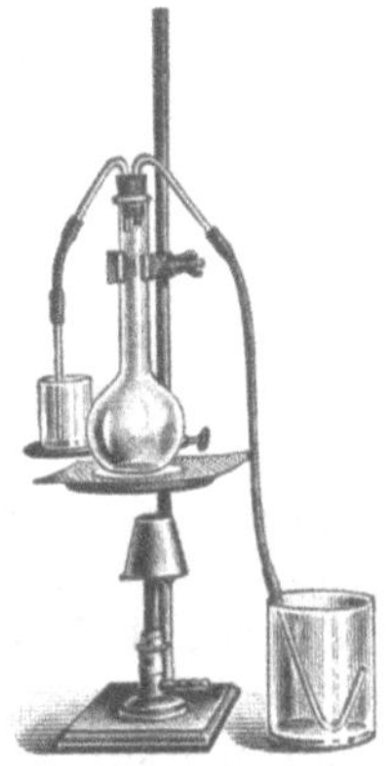

Abb. 57. Kolben für Stickstoffbestimmung Gerhardt, Bonn

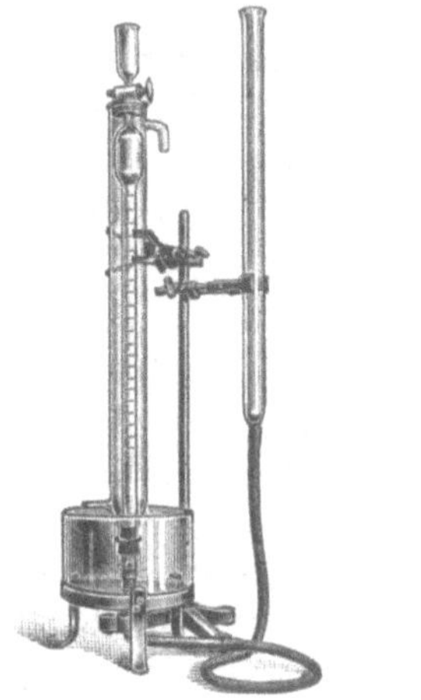

Abb. 58. Nitrometer Schultze-Thiemann, Schlösing

gesetzt und die Flüssigkeit im Kölbchen zur Entfernung der Luft aufgekocht. Taucht man nun das Gasentbindungsrohr in die zum Auffangen des Gases bestimmte 30 %ige Natronlauge und schließt den Quetschhahn am Saugrohr, so muß bei dem Zusammendrücken des Gummischlauches am Gasentbindungsrohr mit der Hand die Natronlauge so schnell zurückfließen, daß man einen leichten Schlag am Finger spürt. Ist dies der Fall, so schließt man den Quetschhahn am Gasentbindungsrohr, öffnet den anderen am Saugrohr und taucht dieses in ein Gläschen mit konzentrierter Eisenchlorürlösung (1,4 spezifisches Gewicht), bis die Luft auch hier ausgetrieben ist. Sodann entfernt man die Flamme und schließt auch den zweiten Quetschhahn. Nach einiger Zeit ist im Kolben die nötige Druckverminderung eingetreten, so daß beim Öffnen des Quetschhahnes am Saugrohr die Eisenchlorürlösung in das Kölbchen fließt. Man läßt nun 20 ccm dieser Lösung und dann 20 ccm konzentrierte Salzlösung eintreten, bringt das umgebogene Ende des Gasentbindungsrohres unter das Gasmeßrohr und erhitzt, sobald im Kolben Überdruck eintritt, was an einem Aufblähen der Gummischläuche erkennbar ist, öffnet dann den Quetschhahn des Gasentbindungsrohres und läßt das entwickelte Stickoxydgas in das Meßrohr übertreten. Es wird nun so lange gekocht, bis keine Volumenvermehrung des Gases im Meßrohr mehr stattfindet. Man bringt dann mit Hilfe eines Schälchens das Meßrohr in ein Becherglas mit Wasser. Das Meßrohr wird so in ein Stativ eingeklemmt, daß sein unteres Ende sich nur wenige Zentimeter unter dem Wasserspiegel befindet. Dadurch wird die Natronlauge im Rohr durch Wasser ersetzt. Sobald die Schlierenbildung aufgehört hat, bringt man das Rohr in einen größeren Zylinder mit Wasser und taucht es in diesen unter. Nach etwa 15 Minuten faßt man das Meßrohr oberhalb des Hahnes an, zieht es so weit aus dem Wasser, daß das Niveau beiderseits gleich ist und liest ab. Zugleich wird die Wasser- und dann die Gastemperatur und der Barometerstand notiert. Der Stickstoffgehalt wird nach der gleichen Formel berechnet wie bei Lunge.

d) Methode Busch.

Dieser verwandte zum Zersetzen der Nitrozellulose eine 3 %ige Wasserstoffsuperoxydlösung und Fällen der Salpetersäure mit Nitronlösung. In einen nicht zu weiten Erlenmeyerkolben von 150 ccm Inhalt werden etwa 0,2 g Kollodiumwolle mit 5 ccm 30 %iger Natronlauge und 10 ccm einer 3 %igen Lösung von Wasserstoffsuperoxyd einige Minuten auf dem Wasserbade erwärmt, bis die erste Schaumbildung vorüber ist, dann auf freier Flamme gekocht, bis die Lösung erfolgt, was meist in einigen Minuten der Fall ist. Darauf fügt man 40 ccm Wasser und 10 ccm Wasserstoffsuperoxydlösung hinzu und läßt in die auf 50° C erwärmte Flüssigkeit mittels einer Pipette 40 ccm 5 % Schwefelsäure am Boden des Gefäßes einlaufen. Sodann wird die Flüssigkeit auf 80° C erwärmt und mit 12 ccm Nitronazetatlösung (10 % Lösung von Nitron in 5 % Essigsäure) versetzt. Jetzt läßt man erkalten, indem man das Gefäß an einen kühlen Ort oder in Eiswasser setzt. Das Nitrat wird auf einem gewogenen Filter abgesaugt, mit dem Filtrat nachgespült und schließlich mit 10 ccm Eiswasser in 3—4 Portionen nachgewaschen. Darauf wird bei 110° C bis zur Gewichtskonstanz getrocknet, die in ungefähr 3/4—1 Stunde erreicht ist. Das gefundene Gewicht $\frac{G \cdot 375}{63}$ ergibt die Salpetersäuremenge.

7. Chemische Beständigkeit.

Die chemische Beständigkeit der Kollodiumwolle ist von größter Wichtigkeit, da unbeständige Wollen weder längere Lagerung aushält, noch für die meisten Artikel verarbeitet werden kann. Kollodiumwolle, welche nicht beständig ist, spaltet zu leicht Säure ab und diese bedingt bei der späteren Verarbeitung unangenehme Begleiterscheinungen, die die Qualität, Farbechtheit usw. sehr ungünstig beeinflussen. Es ist deshalb sehr zweckmäßig, die einzelnen Fabrikationschargen auf ihre Beständigkeit zu prüfen. Es erfolgt dies in der Weise, daß die Kollodiumwolle auf höhere Temperatur erhitzt und die Zeit, nach welcher sich Gase abspalten oder die Menge dieser Gase bestimmt wird.

a) Jodzinkstärkeprobe.

Eine Probe trockner Kollodiumwolle mit 0,5 % Feuchtigkeit wird bei + 30° C getrocknet und einer Temperatur von + 80° C ausgesetzt. Man verwendet hierzu einen Apparat, wie wir ihn in Abb. 68 sehen. Die entstandenen nitrosen Dämpfe erzeugen auf dem angefeuchteten Jodzinkstärkepapier je nach der chemischen Beständigkeit der Kollodiumwolle in längerer oder kürzerer Zeit einen Reaktionsstreifen. 1 g fein geschabte, trockene Kollodiumwolle wird in ein Reagenzglas von 16 mm Weite und durch mäßiges Aufstoßen des Glases auf 30—40 mm Höhe gebracht. Durch einen durchlochten Korkstopfen wird ein Glasstab geführt, an dessen unterem Ende ein dünner, hakenförmig gebogener Platindraht angeschmolzen ist. An diesen wird ein Streifen Jodzinkstärkepapier von etwa 12 mm Breite und 25 mm Länge so befestigt, daß der untere Rand des Papiers etwa 20 mm von der Kollodiumwolle entfernt bleibt. Die untere Hälfte des Papiers wird mit Wasser versetzt, mit etwa 10 % Glyzerin befeuchtet. Das Reagenzglas wird in ein Wasserbad, das auf + 80° C erhitzt wird, etwa 90 mm tief eingetaucht. Man notiert die Zeit, wann an der Grenze zwischen der nassen und trockenen Hälfte des Jodzinkstärkepapiers ein deutlicher blauer oder violetter Streifen auftritt. Dies soll bei chemisch beständiger Kollodiumwolle nicht vor 10 Minuten der Fall sein.

b) Warmlagermethode.

Man bringt 10 g Nitrozellulose zusammen mit einem Streifen blauen Lackmuspapiers in ein Reagenzglas. Dasselbe wird luftdicht verschlossen und im Trockenschrank bei 110° C erwärmt. Nach 10 Stunden wird geprüft, ob eine Rötung des Lackmuspapiers eingetreten ist. Ist dies nicht der Fall, so wird dieselbe Prozedur wiederholt. Die Gesamterhitzungsdauer gibt ein Maß für die chemische Beständigkeit.

Eine andere Methode ist die, die Nitrozellulose auf 135° C zu erwärmen, wobei vor 30 Minuten keine roten Dämpfe auftreten dürfen. Für diese Art Untersuchung benutzt man bestimmte Erhitzungsöfen, die Abb. 69 zeigt.

c) Stickoxydabspaltungsmethode von Bergmann und Jung.

Hierzu wird der bekannte Bergmann-Jung-Apparat verwendet, den wir in Abb. 59 sehen. Derselbe besteht aus einem geschlossenen kupfernen Kasten. Er ist mit einem aufgeschraubten Deckel luftdicht verschlossen und wird mit 200 ccm Amylalkohol beschickt. Der Deckel trägt 10 aus Messing gezogene Röhren von 20 cm Länge und 20 mm innerem Durchmesser zur Aufnahme der Teströhren, dazu ein dünneres Rohr für das Thermometer und einen Kugelkühler. Die Temperatur wird durch einen Brenner konstant auf 132° C gehalten. Die Teströhren selbst sind mit einer 50 ccm-Marke versehen und tragen eingeschliffenen Becher-

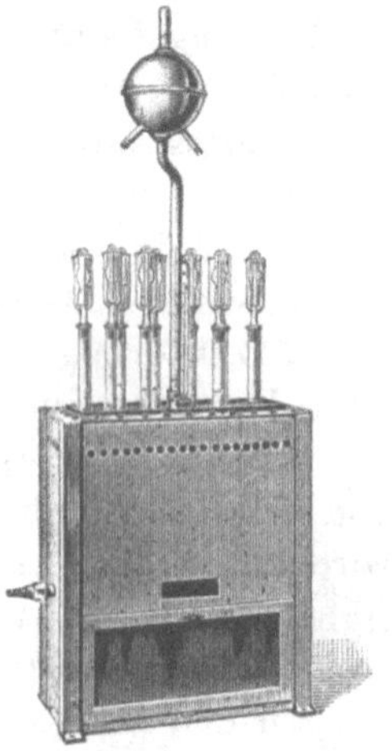

Abb. 59. Bergmann-Jung-Stabilisationsapparat

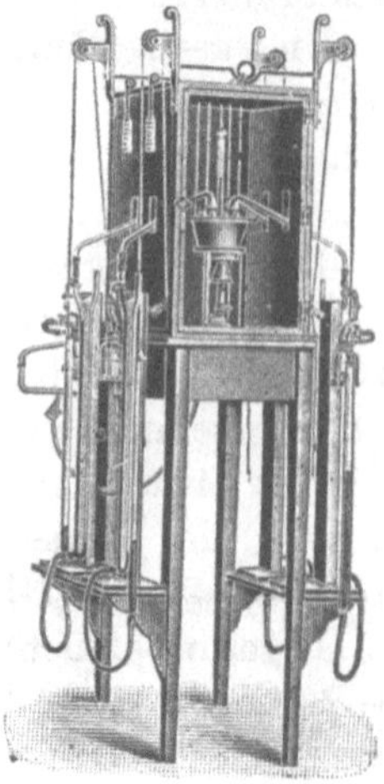

Abb. 60. Apparat nach Dr. Okermüller

aufsatz. Eine Schiebetür ermöglicht die Bedienung des Apparates von innen. Die Teströhren besitzen einen Draht, durch den man sie mittels laufender Schnüre über Rollen hochziehen kann. Die Nitrozellulose wird drei Stunden bei 40—50° C getrocknet, durch ein Sieb von 2 mm Maschenweite gesiebt und darauf über Schwefelsäure im Vakuum 24 Stunden fertig getrocknet. Sie darf nicht mehr als 0,5 % Feuchtigkeit enthalten. Die Nitrozellulose wird zu je 0,2 g abgewogen und in ein Glasrohr eingefüllt. Der Becheraufsatz wird zur Hälfte mit Wasser gefüllt und auf das Glasrohr aufgesetzt. Darauf wird der Apparat auf 132° C gebracht. Nach zweistündigem Erhitzen werden die Glasröhren herausgenommen; durch die Abkühlung wird das Wasser des Becheraufsatzes in die Glasröhren gesaugt. Man spült mit Wasser nach, füllt bis 50 ccm mit Wasser auf, schüttelt kräftig um und filtriert durch ein trockenes Filter; 25 ccm des Filtrats werden mit 1 ccm $\frac{1}{2}$-Normal-Kaliumpermanganatlösung versetzt und mit Eisenchlorür und Salzsäure nach der Methode von Schultze-Thiemann das Stickoxyd abgespalten und in einem Meßrohr aufgefangen. Das gefundene Volumen des Stickoxydgases muß gleichfalls auf 0° C bei 760 mm Barometerstand reduziert werden. Es soll bei chemisch beständiger Nitrozellulose nicht mehr als $2\frac{1}{2}$ ccm No auf 1 g betragen. Es ist dies die am meisten angewandte Methode zur Bestimmung der Kollodiumwolle und Schießbaumwolle für rauchschwaches Pulver.

d) Die manometrische Methode nach Obermüller.

Zu dieser bedient man sich einer Apparatur, wie sie Abb. 60 zeigt. Der Apparat besteht aus einem Zersetzungsgefäß, welches durch ein Verbindungsrohr mittels geschliffener Kappe mit dem Quecksilbermanometer verbunden ist. Die Ablesung am Manometer erfolgt an einer Spiegelglasskala, die durch Zahngetriebe verschiebbar ist. Durch Öffnung des Hahnes kann das Zersetzungsgefäß mit einer Luftpumpe in Verbindung gebracht werden. Das Füllrohr ist durch einen starken Gummischlauch mit dem Manometer verbunden. Das Zersetzungsgefäß wird durch ein Chlorkalziumbad erhitzt, auf dessen Oberfläche sich eine dünne Schicht Paraffinöl befindet, um die Verdunstung des Wassers zu hindern.

Die nasse Nitrozellulose wird mittels einer Handpresse auf einen Feuchtigkeitsgehalt von 30—35 % gebracht und durch ein grobmaschiges Sieb gedrückt. 2 g auf Trockensubstanz berechnet oder 1 g trockene Nitrozellulose werden in das Zersetzungsgefäß gebracht und mit einem kurzen Glasstab auf das Volumen von 5 ccm zusammengedrückt. Der Glasstab bleibt während der Untersuchung auf der Nitrozellulose. Hierauf wird das Zersetzungsgefäß luftdicht mit dem Manometer verbunden, nach Öffnen des Hahnes Luftleere erzeugt und das Quecksilber im Manometer durch Heben des Füllrohres auf die Marke eingestellt. Die Spiegelglasskala wird auf das Quecksilberniveau im Füllrohr eingestellt. Der Hahn wird jetzt geschlossen. Der Apparat muß luftdicht schließen. Die Quecksilberhöhe im linken Schenkel darf nicht mehr als 20 mm vom Tagesbarometerstande abweichen.

Das Zersetzungsgefäß wird in das auf 135° C erhitzte Chlorkalziumbad eingesetzt, der Hahn geöffnet und evakuiert, um die Feuchtigkeit zu entfernen. Nach einer Viertelstunde wird der Hahn geschlossen. Hat man 1 g trockene Nitrozellulose angewandt, so braucht zur Entfernung der Feuchtigkeit nur 5 Minuten evakuiert zu werden. Nachdem der Hahn geschlossen ist, wird das Quecksilber im linken Schenkel auf die Marke und der Nullpunkt der Spiegelglasskala auf die Quecksilberoberfläche im rechten Schenkel eingestellt. Nach einer Viertelstunde wird das Quecksilber im linken Schenkel wieder auf die Marke eingestellt und die Höhe des Quecksilberstandes am rechten Schenkel der Skala abgelesen. Diese Druckmessung wird während der Dauer von zwei Stunden viertelstündlich ausgeführt. Die abgelesenen Drucke werden auf 1 g Nitrozellulose bezogen. Nach Beendigung des Versuches wird das Zersetzungsgefäß aus dem Chlorkalziumbade gehoben. Man läßt es abkühlen, reinigt es äußerlich und wägt es zurück, um den Gewichtsverlust der Nitrozellulose festzustellen. Dieser beträgt bei einem chemisch beständigen Produkt bis 1 %, der Druck nach 2 Stunden 50—80 mm. 65—70 mm Druck nach 2 Stunden entsprechen etwa 1,5 ccm NO nach der Stickoxydabspaltungsmethode von Bergmann und Jung.

e) Methode von Baschieri.

Baschiere erhitzt in einer U-Röhre 1 g Nitrozellulose zwei Stunden lang auf 135° C in einem Ölbade, das mittels eines Wärmeregulators auf konstanter Temperatur gehalten wird. Hierauf werden die Zersetzungsprodukte zugleich mit einem Luftstrom, der vorher in Kalilauge gewaschen wurde, durch eine $^1/_{100}$-Normallösung von Natron- oder Barytlauge abgesogen (oder 23 ccm Wasser, das mit einigen Tropfen konzentrierter Kalilauge versetzt ist). Das Absaugen wird durch eine Wasserpumpe bewirkt. Die Zersetzungsprodukte NO und N_2O_4 werden durch den Überschuß an Wasser und Luft in HNO_3 verwandelt und sättigen einen Teil des Alkalis. Als stabil können die Nitrozellulosen gelten, welche bei zweistündiger Erhitzung auf 135° C nicht mehr als 2,6 ccm $^1/_{100}$-Normalnatronlauge sättigen. Anstatt in $^1/_{100}$ Alkali kann man die Zersetzungsprodukte auch einfach in Wasser auffangen und die Salpetersäure durch eine titrierte Indigolösung bestimmen. Der letztere Weg ist vorzuziehen, wenn die Zersetzungsprodukte nur gering sind.

Zur Herstellung der Indigolösung werden ungefähr 3 g käufliches Indigotin in einer Reibschale mit etwa 60 ccm reiner, konzentrierter Schwefelsäure verrieben. Neben etwas Indigomonosulfosäure bildet sich Indigodisulfosäuree, welche Umwandlung im Verlauf von 24 Stunden als vollendet betrachtet werden kann. Man füllt mit der vierfachen Menge destillierten Wassers auf und filtriert. Zum Gebrauch verdünnt man mit destilliertem Wasser, bis die Lösung in einer Schicht von 12—15 mm anfängt durchsichtig zu werden. Zur Titerstellung werden 1,871 g reines, trockenes Kaliumnitrat in 1 Liter destilliertem Wasser gelöst. 1 ccm dieser Lösung = 1 mg Salpetersäure (N_2O_5). Zur Wertbestimmung der Indigolösung gießt man 5 ccm der Salpetersäure in ein Becherglas, fügt 1 g Chlornatrium und 23 ccm destilliertes Wasser hinzu, schüttelt bis das Chlornatrium sich gelöst hat, fügt 50 ccm konzentrierte Schwefelsäure hinzu und titriert mit der Indigolösung, bis die Gelbfärbung in eine blaßgrüne übergegangen ist.

f) Neue Stabilitäts-Untersuchung.

Eine weitere Stabilitäts-Untersuchungsmethode für Kollodiumwolle, welche vielfach angewandt wird, besteht darin, daß man 2,5 g der bei 40° C vorgetrockneten Nitrozellulose auf 135° C erhitzt und die flüchtigen, stickstoffhaltigen Spaltungsprodukte in dem Maße, wie sie sich bilden, mit Hilfe eines Kohlensäurestroms über glühendes Kupfer leitet. Die abgespaltenen Stickstoffoxyde verwandeln sich vollständig in Stickstoff, welchen man in Nitrometer über Natronlauge auffängt und dessen Volumenzuwachs in der Zeiteinheit man bestimmt.

Bei Anwendung stabiler Nitrozellulose sind die in gleichen Zeiten während einer langen Versuchsdauer abgegebenen Stickstoffmengen gleich, und zwar für jede Nitrierungsstufe der Zellulose von ihr eigenem, bestimmten Betrag. Auch für andere Temperaturen als die oben gewählte von 135° C erweist sich diese Zersetzungsgeschwindigkeit als konstant, so daß unter Benutzung der allgemeinen Gleichung, welche die Beziehung zwischen Temperatur A und Geschwindigkeit k einer Reaktion angibt:

$$\log k = a + b \cdot A$$

(worin a und b Konstanten sind), der Zuwachs an Geschwindigkeit für ein beliebiges Temperaturintervall errechnet werden kann.

Es ergibt sich eine Vervierfachung der Zersetzungsgeschwindigkeit für je 10° C, also ein sehr schnelles Anwachsen der Geschwindigkeit mit der Temperatur. Bei allmählicher Zersetzung der Nitrozellulose wurde festgestellt, daß nicht nur gasförmige, sondern auch feste Produkte in Gestalt eines stickstoffhaltigen Rückstandes auftraten.

10. Löslichkeit.

Die Löslichkeit wird nach verschiedenen Arten bestimmt, und zwar nach der Art der Lösemittel, die zur Verwendung kommen und die sich auch meist nach dem weiteren Verwendungszweck der Kollodiumwolle richten. Für die Zelluloidfabrikation ist maßgebend die Lösung in 96%-Alkohol, in Ätheralkohol und in Kampferalkohol. Für die rauchschwache Pulverfabrikation benutzt man dagegen lediglich die Lösung in Ätheralkohol, während für Lacke wieder andere Lösungsmittel wie Butylazetat, Essigäther und Azeton in Frage kommen. Die Handhabung der Methode ist bei allen Lösemitteln gleich. Man verfährt folgendermaßen:

2 g fein gesiebte und gut getrocknete Kollodiumwolle werden in einem mit Glasstöpsel versehenen 500 ccm-Meßzylinder mit dem entsprechenden Lösemittel übergossen und 10 Stunden unter dauerndem Schütteln bewegt. Letzteres erfolgt entweder in einem eigens hierzu eingerichteten Schüttelapparat oder aber, wie dies vielfach in Betrieben geschieht, durch Befestigung an einer langsam laufenden Transmission. Nach Ablauf der stets bei allen Proben gleichbleibenden Schüttelzeit läßt

man die Lösung absetzen. Von der überstehenden, klaren Lösung werden 250 ccm zur Trockne verdampft. Der Rückstand wird bei 80° C getrocknet und gewogen.

11. Viskosität.

Die Viskosität (Zähflüssigkeit) ist ein wesentlicher Faktor zur Bestimmung der weiteren Verwendung der Kollodiumwolle geworden. Im allgemeinen werden z. B. für Zelluloid, Filme, Kunstseide, einen Teil der Nitrolacke mittel- bis hochviskose Kollodiumwollen vorgeschrieben. Bei Zelluloid erfolgt vielfach eine einfache Probe der Knetmasse in der Knetmaschine. Ist dieselbe zäh, beim Ausziehen lange Fäden gebend, so ist die Viskosität für die meisten Qualitäten genügend hoch und brauchbar. Insbesondere für zusammengesetzte Farben wie Schildpatt, Havanna, Gestreift, Elfenbeingeadert, Gewürfelt usw. können nur hochviskose Kollodiumwollen verarbeitet werden. Auch Filme, Kino und andere photographischen Folien wie Pack- und Röntgenfilme verlangen hochviskose Kollodiumwollen. Bei der Lackherstellung finden mittel- und hochviskose und in den letzten Jahren bei den sogenannten Spritzlacken besonders niedrigviskose Kollodiumwollen Verwendung. Die Feststellung der Viskosität erfolgt auf verschiedene Weise. Leider besteht eine bestimmte Norm hierfür bis jetzt noch nicht, so daß fast jeder Betrieb dieselbe nach einer anderen Methode bestimmt. Hierdurch ist ein Vergleich nur ungefähr möglich, was manchmal zu Differenzen Anlaß gibt. Es werden sowohl verschiedene Apparate zu ihrer Bestimmung verwendet als auch verschiedenartige Lösemittel und Konzentrationen derselben. Da die Viskosität der Lösungen, in denen dieselbe bestimmt wird, in hohem Maße von der Art der angewendeten Lösungsmittel abhängt, ist es notwendig, stets die gleichen Lösungsmittel anzuwenden. Dazu ist es auch notwendig, stets die gleiche Menge Anfeuchtungsmittel zu verwenden resp. letztere auf ein genaues Maß zu bringen. Bei Vorliegen einer alkoholfeuchten Kollodiumwolle z. B., die im Verhältnis wo : al angefeuchtet ist, löst man zunächst in dem Lösemittel, in dem die Viskosität bestimmt werden soll. Meist wird hierzu Ätheralkohol 10 : 90 oder 20 : 80 genommen in Zelluloid-, Film-, Nitroseide- und Kunstlederfabriken. Andere, wie die Lackfabriken, verwenden Butylazetat oder andere Lösemittel zur Viskositätsbestimmung. Man löst zunächst in höherer Konzentration als der, bei der man die Viskositätsbestimmung durchführen will. Dann bestimmt man in einem Teil dieser Lösung den Gehalt an trockner Kollodiumwolle (vgl. Feuchtigkeitsbestimmung, 2. Teil). Hierbei ergibt sich meistens ein höherer Gehalt an Kollodiumwolle als berechnungsmäßig vorliegen soll, weil etwas Anfeuchtungsmittel meist vorher verdunstet ist. Diesen fehlenden Gehalt ergänzt man wie folgt:

Gehalt der Lösung an angefeuchteter Kollodiumwolle = cof.

Gehalt der Lösung an trockener Kollodiumwolle = cot.

Man erhält die Menge des fehlenden, verdunsteten Anfeuchtungsmittels nach folgender Formel:

$$\frac{\text{cot} \cdot \text{al}}{\text{wo}} + \text{cot} + \text{cof} = \text{Gramm Anfeuchtungsmittel},$$

welches zu ergänzen wäre. Hierauf verdünnt man mit dem bestimmten Lösungsmittel bis zur gewünschten Konzentration.

Die Viskosität der Lösungen ist im ersten Lösungsstadium stets eine höhere als nach längerem Stehen der Lösung. Man erklärt dies dadurch, daß die Kollodiumwolle in den ersten Lösungsstadien aufquillt, wahrscheinlich unter Aufnahme eines Teils der verwendeten Lösungsmittel. Sie zeigt deshalb bei längerem Stehen während eines oder mehrerer Tage ein Sinken der Viskosität, und zwar sinkt dieselbe um so schneller, je höher die Viskosität anfangs ist. Setzt man die Lösung längere Zeit anormalen Temperaturen aus, sei es Kälte oder Hitze, so wird gleichfalls die Viskosität verringert. Auch direktes oder starkes indirektes Sonnenlicht sowie geringe Mengen von Wasser tragen zu Viskositätsveränderungen bei.

Es ist nötig, sich vorstehende Punkte bei Viskositäts-Vergleichsbestimmungen vor Augen zu halten, um falsche Resultate und Rückschlüsse zu vermeiden. Zu diesen Bestimmungen ist natürlich auch die Konzentration der Gesamtmischung stets gleich zu nehmen, da die Viskositätszahlen fallen mit der Erhöhung des Lösemittelgehaltes in der Gesamtmischung. Zu beachten ist dabei, daß man Lösemittel und Verdünnungsmittel bei der Beurteilung der Resultate voneinander unterscheidet resp. danach die Lösung zur Bestimmung der Viskosität zusammenstellt.

Die Viskosität wird, wie bereits erwähnt, nach einer Reihe von Methoden bestimmt, die man in vier verschiedene Grundtypen unterteilen kann.

1. Ermittlung mittels Ausflußzeit.

a) Pipetten-Viskosimeter nach Stern.

In eine mit zwei Marken versehene 10 ccm-Pipette saugt man die entsprechende Kollodiumlösung und notiert die Zeit in Sekunden, in welcher die Lösung von einer Marke bis zur anderen abläuft. Die Größe der Auslauföffnung ist natürlich mitbestimmend für die Länge der Auslaufzeiten.

b) Viskosimeter nach Engler.

Abb. 61 stellt ein Viskosimeter nach Engler dar. Das Ausflußgefäß *A* dient zur Aufnahme der Kollodiumlösung. Es wird bis zu den Markenspitzen *c* mit der Lösung gefüllt, während das aus Platin bestehende Ausflußröhrchen *a* mit dem hölzernen, durch den Deckel A_1 geführten Stift *b* verschlossen wird. Durch das mit Leitungswasser zu füllende Erwärmungsbad *B* wird die Temperatur der Kollodiumlösung reguliert.

In dem Meßkolben *C*, welcher bei 200 und 240 ccm Marken besitzt, wird die ausfließende Kollodiumlösung bzw. Wasser aufgefangen. Man füllt den Apparat mit 240 ccm Flüssigkeit und bestimmt die Zeit in Sekunden, bei welcher 200 ccm Wasser bei 20° C auslaufen.

$$\frac{\text{Ausflußzeit von 200 ccm Kollodiumlösung bei } 20^\circ\text{ C}}{\text{Ausflußzeit von 200 ccm Wasser bei } 20^\circ\text{ C}} = \frac{\text{Flüssigkeitsgrad}}{\text{(Viskosität)}}$$

Bei Kollodiumlösungen, welche sehr langsam laufen, kann man statt 200 ccm „100 ccm" auslaufen lassen.

c) Viskosimeter nach Ostwald.

Dieses ist ebenfalls ein Ausflußviskosimeter, welches insbesondere zur Bestimmung für dünnviskose Flüssigkeiten geeignet ist.

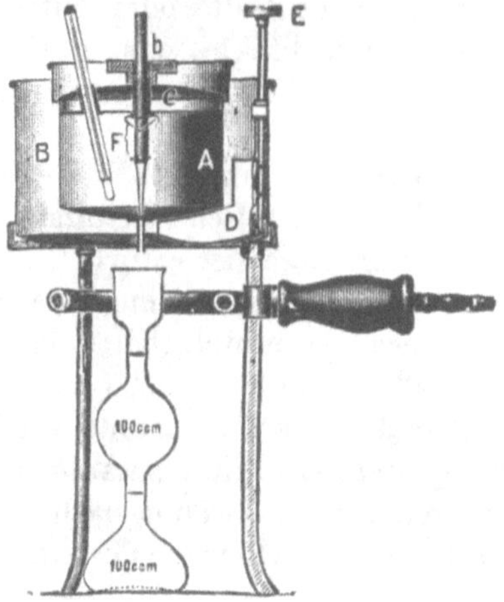

Abb. 61. Viscosimeter nach Engler

2. *Ermittlung mittels Kugelfall.*

a) Kugelfallapparat nach Fischer-Kauschke.

In ein mit temperierter Flüssigkeit gefülltes Rohr, welches genau senkrecht gestellt ist, läßt man nach Einfüllen der Flüssigkeit und Einstellen der Temperatur je nach der Viskosität eine Metallkugel aus Messing oder Aluminium fallen und bestimmt die Fallzeit. Zweckmäßig ist insbesondere bei hochviskosen Lösungen, den Apparat an einen elektrischen Kontakt anzuschließen, wodurch beim Auffallen der Kugel durch Schließung des Kontaktes eine Lampe zum Aufleuchten gebracht wird.

b) Kugelfallapparat nach Wolff.

Derselbe ist in ähnlicher Weise eingerichtet wie der vorbeschriebene Apparat, doch wird an Stelle der Kugel ein gläserner, tropfenförmiger

Fallkörper mit tiefliegendem Schwerpunkt angewandt. Auch dieser Apparat reicht für technische Zwecke vollkommen aus.

c) Kugelfallapparat nach Wasag.

Bei dieser Methode wird die Viskosität durch die Zeit gemessen, die eine Stahlkugel bei 2 mm Durchmesser braucht, um durch eine 25 cm hohe Flüssigkeitssäule, die aus Kollodiumwolle und Butylazetat besteht, hindurchzufallen. Der Prozentgehalt der Lösung wird bei dieser Methode je nach der Wolltype verschieden sein. Es muß auf gleichmäßige Auf-

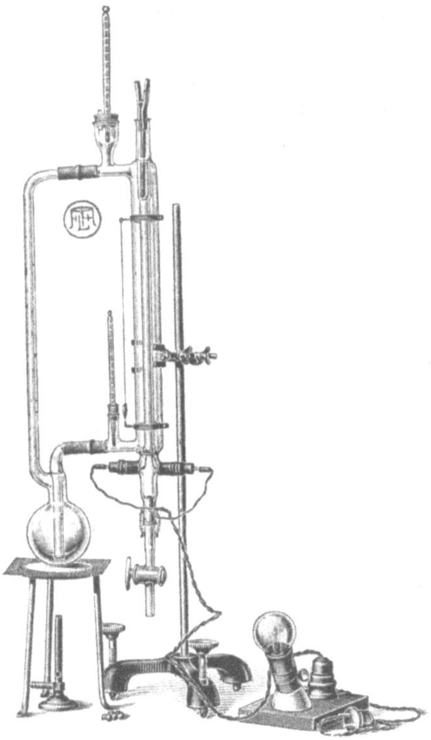

Abb. 63. Kugelfallapparat nach Fischer-Kauschke

lösung geachtet werden, was man durch Rühren oder Schütteln erzielt. Die Fallzeit wird in einem Glaszylinder bestimmt, dessen lichte Weite nicht unter 3 cm ist und der drei Marken trägt. Der Zylinder wird bis zur ersten Marke gefüllt, die Stahlkugel unmittelbar über der Mitte des Flüssigkeitsspiegels fallen gelassen; sodann wird die Fallzeit zwischen der zweiten und dritten Marke gemessen. Die Temperatur der zu messenden Flüssigkeit war 18° C.

3. Ermittlung mittels Luftblase.

Viskosimeter nach Cochius.

Dieser Apparat (Abb. 64) eignet sich vor allem zur Viskositätsbestimmung bei niedrigviskosen Wollen. Er besteht aus einem Glasrohr in 16 mm lichter Weite, welches an beiden Seiten durch je einen eingeschliffenen Glasstopfen verschlossen ist und in welchem sich ein Durchgangshahn mit großer Durchgangsöffnung befindet. Das Glasrohr wird mit der Kollodiumlösung gefüllt und die Zeit gemessen, welche eine Luftblase braucht, um in der Flüssigkeit eine gewisse Strecke emporzusteigen. Der Apparat wird bei geöffnetem und nach oben gerichtetem Durchgangshahn und nachdem der Stopfen entfernt ist, mit der zu untersuchenden Kollodiumlösung gefüllt, so daß oben eine Luftblase von 2 ccm bleibt; $1\frac{1}{2}$ ccm mehr oder weniger Luft sind auf die Viskositätszahl ohne wesentlichen Einfluß. Der Hahn wird darauf geschlossen, der Stopfen eingesetzt, zunächst durch eine Drehung desselben die Bohrung gegen die kleine Öffnung gewendet, um einen eventuellen Überdruck im Innern auszugleichen, dann durch eine weitere Drehung vollständig geschlossen. Der Apparat wird nun umgekehrt, also mit Hahn nach unten und genau senkrecht stehend an einem Stativ befestigt. Durch Drehung des Hahnes um 90° läßt man die bis jetzt unten eingeschlossene Luftblase in die Röhre aufsteigen und beobachtet genau die Zeit, welche die Luftblase zum Hochsteigen zwischen den beiden Marken braucht. Der Abstand der beiden Marken voneinander beträgt 50 cm. Die Anzahl der Sekunden, welche die Luftblase zum Zurücklegen dieses Weges braucht, wird als Viskositätszahl bezeichnet. Die Bestimmung wird bei 18° C ausgeführt. Zu diesem Zwecke kann man das Glasrohr in ein weiteres Glasrohr einschließen und mittels Wasser auf die richtige Temperatur bringen.

Der Apparat wird für dünn-, mittel- und dickflüssige Lösungen mit einem lichten Rohrdurchmesser von 7, 10, 15 und 20 mm und einer Rohrlänge zwischen den Marken von 500 mm bei dünn- und mittelflüssigen und 250 mm und 20 mm lichtem Durchmesser bei dickflüssigen Lösungen ausgeführt.

Abb. 64. Viskosimeter nach Cochius

4. Ermittlung mittels konzentrischen Drehkörpers.

Methode Dr. Kämpf.

Das nachstehend beschriebene Gerät ist aus den praktischen Bedürfnissen einer Kunstseidefabrik entstanden und war ursprünglich für die Überwachung der Fabrikation und für die Fabrikationsversuche bestimmt.

Es bietet jedoch für die Untersuchung hochviskoser Flüssigkeiten in seinen Gebrauchseigenschaften große Vorteile und wird dabei in der Genauigkeit und Sicherheit der Messungen Anforderungen gerecht, die erheblich über das von einem gewöhnlichen Betriebsgerät Verlangte hinausgehen. Weil an solchen Viskosimetern, die zugleich wissenschaftlich gut und bequem in der Handhabung sind, keine große Auswahl vorhanden ist, dürfte seine Beschreibung allgemeine Beachtung verdienen.

Der Grundgedanke der Messung ist, in einem festgehaltenen zylindrischen Meßgefäß einen konzentrischen Drehkörper mit bekanntem Drehmoment rotieren zu lassen und die erzielte Geschwindigkeit zu messen. Aus Drehmoment, Geschwindigkeit und Eichfaktor kann die Viskosität errechnet werden.

Auf dem zusammenklappbaren Stativ ist an einem allseitig schwenkbaren Kugelgelenk der Tragarm des eigentlichen Viskosimeters befestigt.

Seine Einzelteile sind: der Drehkörper mit seiner besonders ausgebildeten Lagerung, der für die Aufstellung des Meßgefäßes dienende Teller mit Höhenverstellung und schließlich die Antriebsvorrichtung, bestehend aus zwei Röllchen, Faden, Gewichtsträger, Anhängegewichten und Führungsrohr mit Skala.

Als Meßgefäße kann man beliebige zylindrische Gefäße mit 60—150 mm Durchmesser und mindestens 60 mm Höhe auf den Teller aufsetzen. Der eigentliche Eichfaktor ist für die „Normalweite“ 100 mm angegeben, und es wird für viele Zwecke am einfachsten sein, solche Normalgefäße zu verwenden. Will man sich jedoch gewisse Unannehmlichkeiten ersparen, die beim Umfüllen hochviskoser Flüssigkeiten auftreten, wie Substanzverlust, Zeitverlust, Blasenbildung, Fadenziehen u. a., so kann man auch mit anderen Durchmessern arbeiten, indem man eine kleine Umrechnung auf die Normalweite vornimmt. In der Möglichkeit, beliebige Meßgefäße zu verwenden — also auch solche, in denen sich die Flüssigkeit sowieso befindet — liegt einer der Hauptvorteile des neuen Gerätes.

Daß ein Einfluß der Gefäßweite überhaupt vorhanden ist, kann nicht verwundern, wenn man weiß, wieviel größer der Wand- und selbst der Tiefeneinfluß z. B. bei der Kugelfallmethode ist, sobald man sich nicht auf ein festes Meßgefäß und einen festen Kugeldurchmesser beschränkt.

Beim Beginn einer Messung wird zunächst der Teller mit dem Meßgefäß in seiner Höhe so eingestellt, daß die oberhalb des eigentlichen Drehkörpers in die Welle eingedrehte Marke mit dem Flüssigkeitsspiegel übereinstimmt. Zugleich zentriert man das Gefäß mit der Drehachse.

Nach dieser Einstellung wird der Drehkörper „entlastet“, sodann kann die eigentliche Messung ausgeführt werden. Das „Entlasten“ des Drehkörpers setzt die Lagerreibung auf ein ganz geringes Maß herab; es geschieht mit Hilfe eines Unterdruckes von etwa 300 mm Wassersäule, zu dessen Erzeugung etwa eine Wasserstrahlpumpe oder ein geeignet geschalteter Staubsauger dienen kann.

Die Entlastung geschieht durch folgende Vorrichtung: Auf der Welle sitzt auf dem oberen röhrenförmigen Ende ein Scheibchen, das mit nur etwa 0,2 mm Luft in dem umgebenden festen Zylinder läuft und beim Anlegen des Saugdrucks an die Tülle als Kolben wirkt. Die Zentrierung der Drehkörperwelle ist auf folgende Weise bewirkt: die Welle endigt nach oben in eine Hohlwelle, deren oberen Abschluß ein Halslägerchen bildet. Dieses besteht aus künstlichem Edelstein; es umfaßt die aus nichtrostendem Stahl gefertigte Nadel, die durch Eingriff in das kegelförmige Pfannenlager die zweite Zentrierung der Drehkörperwelle bewirkt. Um den Eingriff der Nadel in den Kegel herzustellen, ist die Entlastung, d. h. die Anhebung der Welle durch die Luftleere nötig. Vorher hing sie mit konischem Sitz in einem kleinen Hohlkegel, in welchem der feste Teil nach unten endigt. Das obere Halslager ist besonders gut entlastet durch einen kleinen Kunstgriff: die Spitze im Grund des Pfannenlagers liegt genau in der Mitte des kleinen Röllchens, das auf der Welle sitzt und das zum Aufspulen des Antriebsfadens dient. Die wesentliche Querkraft wird dadurch nicht vom Gleitlager, sondern vom Spitzenlager aufgenommen.

Diese Lagerung hat sich gut bewährt. Von den Einflüssen der Lagerreibung ist meßtechnisch nichts mehr zu befürchten, weil die kleinen Schwankungen der an sich schon fast verschwindenden Reibung ganz unmerklich sind.

Gleitlager und Hohlkegelsitz sind in bester Präzisionsarbeit aus künstlichem Edelstein gearbeitet; die Stahlnadel besteht aus gehärtetem, nichtrostendem Stahl.

Die eigentliche Messung geschieht dadurch, daß man den Drehkörper mit Hilfe eines auf dem Röllchen aufgespulten Fadens gleichmäßig rotieren läßt. Der Faden läuft über ein zweites Röllchen mit wagerechter Achse und hängt von hier, belastet durch den Gewichtsträger und die etwaigen Anhängegewichte in dem mit einer Skala versehenen Führungsrohr. Das Anhängegewicht bestimmt das auf den Drehkörper wirkende Drehmoment und somit die Fallgeschwindigkeit.

Daß man durch geeignete Wahl der Anhängegewichte die Meßzeiten und -geschwindigkeiten weitgehend in der Hand hat, erhöht ebenso wie die Verwendbarkeit beliebiger Meßgefäße die Anpassungsfähigkeit des Gerätes an die Forderung bequemen Arbeitens.

Zur Verringerung der Fallzeiten bei sehr dickflüssigen Stoffen dient weiter der dem Gerät beigefügte kleine Drehkörper, der rasch und bequem eingesetzt werden kann. Seine Drehgeschwindigkeiten sind bei gleichem Antrieb 4,5mal größer als die des gewöhnlichen Drehkörpers.

Der Praktiker, der sonst manchmal Viskositätsmessungen von einer halben Stunde Versuchsdauer ausführen mußte, weiß den Vorteil der sehr kurzen Meßzeiten des neuen Geräts zu schätzen. Abgesehen von dem Zeitverlust fallen gewisse Schwierigkeiten wie Temperaturschwankungen, Strukturänderungen, Verdampfung u. a. fort.

Für den praktischen Gebrauch ist ferner folgender kleiner Vorteil wichtig: die Reinigung, auf die es bei Viskositätsmessungen ankommt, ist denkbar einfach. Der Drehkörper wird, ohne abgenommen zu werden, nach Wegnahme der Luftleere, d. h. in Ruhestellung der Drehwelle, in ein Gefäß mit Spülflüssigkeit gesteckt und mit einem Pinsel abgewischt. Ein nachheriges Verunreinigen, z. B. durch Schweiß beim Anfassen, kann nicht vorkommen.

Die Meßgenauigkeit steht den besten sonstigen Viskosimetern für diesen Viskositätsbereich in keiner Weise nach.

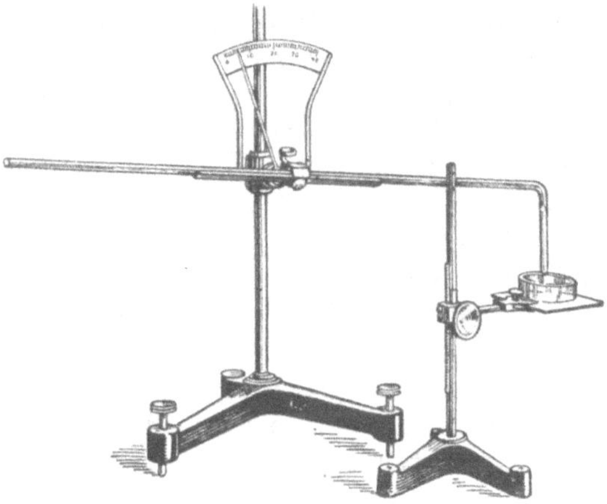

Abb. 65. Viscosimeter nach Traube-Magasanik

5. *Weitere Methoden.*

Neues Viskosimeter nach Traube-Magasanik.

Nach der Theorie von Hagenbach-Poiseuille ist es unmöglich, genauere Viskositätsbestimmungen herbeizuführen, wenn man etwa die Viskosität einer zäheren Lösung auf Wasser bezieht und in derselben Röhre einmal Wasser, das anderemal die Lösung durchströmen läßt. Es wurde von Traube darauf hingewiesen, daß eine Kombination von Röhren verschiedener Weiten, mindestens drei Röhren, erforderlich sei. Die engste Röhre wird in der Weise geeicht, daß man bei gleichem Druck und gleicher Temperatur Wasser und beispielsweise 5 % Kollodiumlösung hindurchströmen läßt, die zweite Röhre eicht man durch eine Bestimmung des Verhältnisses der Durchflußgeschwindigkeiten von 10 % und 20 % Lösung.

Die Untersuchung gelangt am besten in folgender Weise zur Ausführung: an einem mittels Wasserwaage und Stellschrauben vertikal aufstellbaren Stativ (Abb. 65) ist ein Winkelmesser angebracht, der gestattet, die zur Messung der Viskosität erforderliche und in seine Rinne eingelegte Röhre in einem bestimmten Winkel gegen die Horizontalebene einzuspannen. Man stellt zuerst bei Zeigerstellung 0° das Stativ genau senkrecht und alsdann mit eingelegtem Viskosimeter den Zeiger auf den gewünschten Auslaufwinkel (z. B. 4°).

Die Viskosimeterröhre ist knieförmig gebogen, mit zwei Marken versehen und an beiden Enden erweitert. Man bestimmt, am besten mit Hilfe eines Chronoskops, die Ausflußzeit der Flüssigkeit von Marke zu Marke. Wegen des starken Temperatureinflusses ist es zweckmäßig, die Viskosimeterröhre in eine mit Wasser gefüllte Mantelröhre einzulegen, in der sich ein Thermometer befindet.

Je nach der Viskosität der zu untersuchenden Flüssigkeiten wird die Röhre unter verschiedenen, unverrückbaren Neigungswinkeln gegen die Horizontalebene in das Stativ eingespannt. Zwei bis drei Röhren von verschiedener Weite genügen, um die allerverschiedensten Flüssigkeiten in bezug auf die Viskosität miteinander zu vergleichen. Im allgemeinen genügen zwei Röhren, die so hergestellt sind, daß bei 5° Neigung gegen die Horizontalebene die Auslaufzeit für Wasser bei etwa 18° für das eine Rohr gleich etwa 120—160 Sekunden, für das andere gleich 50—90 Sekunden ist. Bei dieser Neigung bestimmt man im ersteren Rohre die Ausflußzeit für Wasser und beispielsweise auch für 5 %ige Kollodiumlösung, bei einer etwas größeren Neigung vergleicht man Wasser mit 10- und 20 %iger Kollodiumwoll-Lösung.

Für zähere Flüssigkeiten verwendet man dann zweckmäßig das zweite Rohr mit größerer Kapillarweite und für zäheste Flüssigkeiten kann man noch eine weitere, dritte Röhre anwenden.

Da durch die Oberflächenspannung des sich loslösenden Tropfens die Ausflußzeit und somit die Viskosität beeinflußt wird, ist es erforderlich, daß man die Tropfenbildung vermeidet, indem man das untere Rohrende mit Hilfe einer Mikrometerschraubvorrichtung genau auf die Oberfläche einer Flüssigkeitsmenge einstellt, welche sich in einem kleinen Schälchen befindet.

Der Flüssigkeitsfaden muß natürlich ungeteilt sein. Luftbläschen in der Röhre sind zu vermeiden.

Mit Apparaten wie denjenigen von Engler kann man natürlich nicht im entferntesten eine ähnliche Genauigkeit erreichen, die für die meisten industriellen wie auch biologischen und sonstigen wissenschaftlichen Zwecke ausreicht.

Dieser Apparat sowohl als auch der nach Dr. Kämpf sind mehr für genaue, wissenschaftliche Untersuchungen bestimmt. Für unsere Zwecke genügen im allgemeinen die Apparate nach Engler, Fischer-Kauschke und Wasag oder Cochius. Am meisten verbreitet sind die Verfahren nach Methode Wasag und Cochius.

XI. Die Verwendung der Kollodiumwolle.

Die Verwendungszwecke sind vielfacher Art. Die meisten Verwendungsarten fundieren auf der Eigenschaft der Kollodiumwolle, in Verbindung mit Löse- oder Plastifizierungsmitteln eine plastische Masse zu ergeben. Diese hat sowohl in flüssiger Form mit viel Lösemittel als auch in fester Form mit viel Plastifizierungsmittel wie Kampfer mancherlei Verwendung gefunden. Lacke, Filme, Kunstseide, Kunstleder werden in flüssiger Form unter Zusatz von mehr oder weniger Plastifizierungsmittel hergestellt und die Lösemittel später auf geeignete Weise entzogen und wiedergewonnen. Zelluloid und rauchloses Pulver dagegen werden als zähes Gemenge fabriziert und durch geeignete Bearbeitung und Entziehung des Alkohols bzw. Ätheralkohols gehärtet. Vielfach und mannigfaltig ist die Verwendung der Kollodiumwollen.

a) Zelloidin

ist eine höchst konzentrierte, gelatinierte Kollodiumwolle, erhalten durch Abdestillieren des Äthers aus gewöhnlicher Kollodiumwolle. Es kommt in durchscheinenden, gelatineartigen Tafeln in den Handel und besteht aus 20 % trockener Kollodiumwolle, gelatiniert in diversen Gelatinerungs- oder Lösemitteln. Es ist leicht löslich in Ätheralkohol und brennt angezündet mit ruhiger Flamme ab. Es wird verwendet zur Selbstherstellung von Kollodiumlösungen für photographische Zwecke, als Einbettungsmaterial für histologische Untersuchungen. Auch zur Herstellung von Wundpflaster und Pasten zum luftdichten Abschluß von Wunden findet es Anwendung. Der sogenannte medizinische Hautfirnis wird in gleicher Weise hergestellt. Er hat außer Rizinusöl einen geringen Zusatz von Kanada-Balsam und wird für dermatologische Zwecke gebraucht. In flüssigem Zustande wird Zelloidin in der Zusammensetzung 3:1 Ätheralkohol vielfach als Klebstoff gebraucht. Zur Erhöhung der Geschmeidigkeit der Lösung setzt man wenige Prozent Rizinusöl zu. Hierhin ist auch der sogenannte Hartspiritus zu rechnen, gelatinierte, stark aufgequollene Nitrozellulose, die mit Brennspiritus versetzt ist und in Würfelform als Brennmittel für Spirituskocher Verwendung findet.

b) Zelluloid

ist eine in warmem Zustande plastische Masse, bestehend aus Nitrozellulose und Kampfer, und stellt ein Gemisch bzw. eine feste Lösung aus diesen Komponenten dar. Der weichmachende und schmelzende Teil ist der Kampfer. Zur Herstellung des Zelluloid wird mittel- bis hochviskose Nitrozellulose verwendet. Nur die in Alkohol (absolut) oder in Ätheralkohol gut lösliche Kollodiumwolle ergibt einwandfreies, geschmeidiges, gut verarbeitungsfähiges Zelluloid. Je mehr Kampferzusatz die Masse enthält, desto leichter erweicht das Zelluloid resp. desto niedriger ist die Temperatur, in der es plastisch wird. Für hartes Zelluloid verwendet man deshalb einen geringeren Prozentsatz Kampfer. Im allgemeinen benutzt man für 100 kg Trockenmassen 75 kg Kollodiumwolle und 25 kg Kampfer. Der Kampfer läßt sich aus dem Zelluloid wieder zum größten Teil durch Erwärmen austreiben, ein geringerer Teil, 10—15 %, verbleibt jedoch, den man ebenfalls durch Verseifen, Extraktion, gewinnen kann. Eigentümlich ist, daß hierbei die Nitrozellulose nicht zerfällt, sondern auch ohne Kampfer eine gelatineartige, gelöste, jedoch harte Konsistenz behält.

Zelluloid stellt ungefärbt eine hornfarbige Masse dar. Es besitzt hohe Elastizität. Bei tiefer Temperatur ist es jedoch hart und spröde, während hohe Temperatur es weich, prägsam und plastisch machen. Es kann in letzterem Zustande jede gewünschte Form durch Blasen, Biegen, Prägen, Pressen annehmen, die es nach dem Erkalten auch behält. Es läßt sich kleben, schweißen, bohren, schneiden, fräsen und sägen. Bei starkem Reiben zeigt es elektrische Eigenschaften.

In Wasser ist Zelluloid unlöslich, nimmt jedoch bis zu 7 % Feuchtigkeit auf. Es ist löslich in Methyl, Äthyl, Propyl und Butylalkohol, auch im Gemisch dieser Alkohole mit Äther, jedoch nicht löslich in Äther allein. Zersetzt wird es durch konzentriert anorganische Säuren wie Schwefel-, Salpeter-, Phosphorsäure, bietet jedoch diesen Säuren in verdünntem Zustande Widerstand. Gegen Alkalien ist es ebenfalls nicht widerstandsfähig und wird in warmer, wässriger Natronlauge verseift.

Die im Zelluloid enthaltene Nitrozellulose hat das dauernde Bestreben, sich zu verseifen, d. h. in Alkohol und Säure zu zerfallen. Zellulose und Salpetersäure sind in ständiger Bewegung und Umarbeit begriffen. Zelluloid spaltet dauernd Salpetersäure resp. Stickoxyd ab. Solange das Zelluloid frisch ist und in normaler Temperatur von 12—20° C gelagert wird, geht diese Umwandlung äußerst langsam, kaum bemerkbar, vor sich. Je stabiler die verarbeitete Kollodiumwolle ist, d. h. je weniger freie Salpetersäure sie enthält resp. Teile, welche diese Bildung begünstigen, desto lagerfähiger, besser in seiner Qualität ist das Zelluloid, um so langsamer tritt obige Umwandlung auf. Schwache Basen wie Harnstoff, Zinkweiß, Diphenylamin vermitteln hier einen Ausgleich, erhöhen also die Stabilität. Spuren von anorganischen Säuren, oxydablen Stoffen und auch Licht- oder Wärmestrahlen vermindern die Lagerfähigkeit. Die Abspaltung kann so stark werden, daß die sich bildende Salpetersäure in Form von Punkten und kleinen Tropfen an die Oberfläche des Zelluloids tritt. In fortgeschrittenem Zustande führt dies zu starker Wärmeentwicklung und schneller Zersetzung, die zu Bränden führen kann.

Wir ersehen hieraus, wie wichtig eine gute Vorbereitung der Nitrozellulose für die weitere Verarbeitung zu Zelluloid ist.

Zur weiteren Verarbeitung ist die Viskosität der verwendeten Nitrozellulose von eminent wichtiger Bedeutung. Alle Zelluloidqualitäten, welche bei ihrer weiteren Verarbeitung einer größeren Beanspruchung ausgesetzt sind, die geprägt, geblasen, gepreßt werden, werden niemals den gewünschten Ansprüchen genügen, sofern nicht eine gut viskose Kollodiumwolle verwendet worden ist. Wohl kann durch Zusatz größerer Mengen Kampfer, ferner durch Zusatz von Weichmachungs- bzw. Weichhaltungsmitteln wie Phtalsäureester, Rizinusöl, die Plastifizierungsmöglichkeit gefördert werden, doch helfen diese Mittel meist nur in frischem Zustande des Zelluloid, d. h. also, so lange noch Spuren von Alkohol im Zelluloid enthalten sind. Bei längerer Lagerung wirken diese Zusätze, mit Ausnahme von Kampfer, jedoch spröde- und brüchigmachend.

Zelluloidqualitäten aus niedrigviskosen Kollodiumwollen sind hart, haben höhere Plastifizierungstemperatur, sind nicht blase- und schweißfähig, schlecht präge- und preßfähig und bei längerem Lagern spröde und brüchig. Infolgedessen kann die sogenannte Kellerwolle, welche besonders „kurz", d. h. niedrigviskos ist, zu einwandfreien Zelluloidqualitäten allein, ohne Verschnitt mit guter Wolle, nicht verarbeitet werden.

c) Filme.

Unter dieser Bezeichnung versteht man sowohl die endlosen Kinofilme als auch die für sonstige, insbesondere Amateurzwecke bekannten Pack-, Roll- und Planfilme sowie auch die Röntgenfilme. Ihre Fabrikation erfolgt auf zwei verschiedene Arten, und zwar im Gieß- und im Schneidverfahren.

Zu ihrer Fabrikation werden gut lösliche, mittelviskose Kollodiumwollen verwendet. Die Kinofilme werden in der Weise hergestellt, daß die Nitrozellulose, nachdem vorgenommene Untersuchungen ihre Brauchbarkeit erwiesen haben, in großen Lösegefäßen mittels Lösemitteln wie Alkohol, Äther, Butylazetat, Azeton, Methanol u. a. unter Zusatz von Weichmachungsmitteln wie Kampfer, Phtalsäureester, substituierte Harnstoffe, gelöst werden. Die Lösung wird unter Druck gefiltert, abgesetzt und darauf entlüftet. Ihr Kampfer- resp. Weichmachungsmittel-Gehalt beträgt nie mehr als 15—18 %. Die Lösung stellt eine dicke, aber klarflüssige Masse dar mit einem Nitrozellulosegehalt von etwa 20 %.

An die Beschaffenheit der Kollodiumwolle werden hohe Anforderungen gestellt. Ihre Löslichkeit muß vollständig im Lösemittelgemisch sein, die Lösung muß klar sein. Schwerlösliche, etwa niedrig nitrierte Teilchen lassen sich durch Filtern sehr schwer entfernen. Die Farbe muß absolut hell sein, nicht gelb- oder graustichig. Die Viskosität muß mittel bis hoch sein, etwa 40—80 Sek. nach Cochius bei 10 %iger Lösung. Niedrigviskose Wollen ergeben eine zu dünnflüssige Lösung und brüchige Folien.

Das Gießen erfolgt entweder mittels Bandmaschine oder Trommelzylinder oder Ringmaschine. Eine Gießvorrichtung trägt die Masse in gewünschter Dicke auf das Band oder die Trommel auf, welche eine Gelatineauflage besitzt. Von dieser passiert die angetrocknete Folie entsprechende Trockeneinrichtung. Nach einer meistens vorgenommenen Nachtrocknung, um später zu starkes Schrumpfen zu vermeiden, werden die Filme perforiert und emulsioniert.

In gleicher Gießweise werden auch die Folien für Pack-, Roll- und Planfilme hergerichtet. Außerdem werden jedoch für diese Zwecke auch Zelluloidfolien verwendet, die in der üblichen Weise aus Zelluloid-Transparent-Platten hergestellt und zerschnitten werden. Das gleiche gilt von den Röntgenfilmen.

d) Nitrokunstseide.

Zur Herstellung von Kunstseide verwendet man eine niedrig- bis mittelviskose, in Ätheralkohol hochlösliche Kollodiumwolle. Dieselbe wird nach zwei Verfahren verarbeitet, und zwar nach dem Naßspinn- und dem Trockenspinnverfahren. Zu dem erstgenannten Verfahren stellt man eine 15 %ige Kollodiumlösung, zu dem letzteren eine 25 %ige Lösung her. Als Lösemittel werden verwendet z. B. 40 Teile Alkohol, 60 Teile Äther oder aber Methylalkohol gemischt mit wenig Äther und Äthylalkohol, etwa 94:3:3 %. Der Spinnlösung werden einige Prozent anorganischer Säure zugesetzt, um die Lösung leichtflüssiger zu machen.

Die Lösung wird zunächst gefiltert und dann einige Zeit zwecks Entlüftung am besten unter Evakuieren stehen gelassen. Hierbei verringert sich die Viskosität, wie Untersuchungen vor und nach dem Entlüften ergeben.

Das Verspinnen erfolgt erstens in der Weise, daß man den Faden aus der Spinndüse direkt in die Luft austreten läßt oder zweitens denselben durch eine geeignete Fällflüssigkeit, das sogenannte Spinn- oder Fällbad, führt.

Die Kollodiumwolle wird in derselben Weise hergestellt wie diejenige für Zelluloid, jedoch in niedrigerviskoser Qualität. Die niedrige Viskosität wird hier um so leichter hergestellt, als die Kollodiumwolle für Nitroseide nicht in der gleichen, intensiven Weise stabilisiert zu werden braucht. Sie darf Spuren von freier Säure enthalten und man setzt sogar, wie oben erwähnt, zum besseren Fließen durch die Düsen noch 1—2 % Säure zu. Man drückt also auf diese Weise die Viskosität noch weiter herab, wobei die unstabile Kollodiumwolle an sich schon geringe Viskosität ergibt.

Nach dem Spinnen des Fadens wird derselbe gewaschen, gezwirnt und in Stränge gehaspelt. Nunmehr wird eine Denitrierung der Nitroseide vorgenommen. Man unterzieht also den Zelluloseester einer Verseifung, wobei sich Zellulosehydrat einerseits und niedere Oxydationsstufen des Stickstoffs andererseits bilden. Der Zweck ist der, die Seide weniger brennbar zu machen. Die Hauptreaktion bei diesem Prozeß bildet neben der Verseifung die Reduktion der abgespaltenen Salpetersäure durch die Schwefelalkalien unter Bildung von Alkalinitrat, Hydroxyd und freiem Schwefel, der im überschüssigen Alkali als Polysulfid gelöst bleibt. Zum Denitrieren benutzt man eine etwa 5 %ige Lösung von Natriumselfhydrat. Auch andere lösliche Sulfhydrate (NH_4SH, $CA(SH)_2$,$Mo(SH)_2$ kommen noch als Denitriermittel in Betracht, sind jedoch teuerer und schwieriger verwendbar. Die Denitrierung wird in Tongefäßen vorgenommen und findet unter Entwicklung von Wärme und Gasen statt. Sie ist beendet, wenn die anfangs hart und strohig sich anfühlende Seide weich und locker geworden ist. Nach Beendigung des Prozesses wird wieder gewaschen. Man muß darauf achten, daß die Lauge die Faser nicht zu sehr angreift und schwächt und doch genügend denitriert. Der Stickstoffgehalt darf nach dem Denitrieren nicht mehr als 0,3 % betragen.

Zur Verwendung als Kunstseide muß die Kollodiumwolle hell und klar sein und gute Durchschnittsbleiche haben. Meist genügt schon die gute Bleiche der Rohzellulose. Es wird größtenteils Baumwolle-Linters verwendet mit hoher Kupferzahl. Besondere Sorgfalt erfordert das Bleichen, da einerseits ein vollkommenes Weiß verlangt wird, andererseits ein Überbleichen wegen der Bildung von Oxyzellulose und der hiermit verbundenen Faserschwächung vermieden werden muß. Die Vorbereitung des Zellulosematerials ist daher von großer Wichtigkeit, da hierdurch die Eigenschaften des Kunstseidefadens, insbesondere die Festigkeit, sehr beeinflußt werden. Vor allem darf die Zellulose nicht zu weit hydrolytisch abgebaut werden. Dagegen ist eine weitgehende Hydratisierung (Merzerisation) des Zellulosematerials meist erwünscht oder erforderlich.

Nicht jede Zellulose-Esterlösung eignet sich zum Spinnen von Kunstseide. Sie muß eine bestimmte Zähflüssigkeit (Viskosität) aufweisen, damit man einen zusammenhängenden Faden ausziehen kann. Die Lösung muß „spinnen", d. h. spinnfähig sein; sie darf an einem eingetauchten Stab weder als kompakte Masse hängen bleiben noch abtropfen, sondern muß langsam in Form eines Fadens gleichmäßig von dem Stab ablaufen. Andererseits jedoch darf die Viskosität eine gewisse Grenze nach oben nicht überschreiten, damit die Lösung leicht durch die Röhren der Apparatur transportiert und vor allen Dingen durch die sehr engen Spinnöffnungen ausgepreßt werden kann, ohne allzu großen Druck zu benötigen. Die verlangte Festigkeit des Fadens verlangt für die Lösung auch wieder eine möglichst hohe Konzentration, die ihrerseits wieder die Viskosität beeinflußt. Viskosität und Konzentration müssen unbedingt im richtigen Verhältnis, den Erfordernissen des Fadens entsprechend, stehen. Viskositätsgrade nach Cochius von 20—60 Sek. bei 10 %iger Lösung ergeben gute Resultate.

Die Kollodiumlösung muß aber auch frei von ungelösten Teilen (Zellulose, Verunreinigungen) sowie von Luftblasen sein. Die feinen Düsenöffnungen werden von ungelösten Teilchen leicht verstopft, während die Luftbläschen zum Abreißen des Fadens Veranlassung geben. Die Lösung wird deshalb filtriert und entlüftet.

e) Rauchlose Pulver.

Kollodiumwoll emit einem Stickstoffgehalt von 12,6—13,1 % findet in Mischung mit Schießbaumwolle oder Nitroglyzerin Verwendung zur Herstellung von rauchlosem Schießpulver. Zur Herstellung des Nitrozellulosepulvers wird feingemahlene Nitrozellulose in Knetmaschinen mit dem entsprechenden Lösemittel etwa 1 Teil NC 1/2 Ätheralkohol verknetet und gelatiniert. Diese Masse kommt alsdann in hydraulisch betriebene Preßtöpfe. Die Eigenschaft der Nitrozellulose, auch mit nichtflüssigen, sogar festen krystallinischen Stoffen zu gelatinieren, z. B. Urethan, wird bei der Herstellung von Pulver ohne Lösemittel nutzbar gemacht. Während bei der ersten Sorte die Formgebung durch das Lösemittel erleichtert wird, benutzt man zur Formung der letzteren Temperaturen bis zu 100° C und hohe Drucke bis 300 Atm. Der Vorteil der Pulver ohne Lösemittel liegt in der Ersparnis des Lösemittels und besonders in der Beschleunigung der Fertigstellung.

Eigenartig ist die Beobachtung, daß die chemische Beständigkeit des gelatinierten Pulvers zuweilen viel geringer ist als die seiner Komponenten, z. B. der Nitrozellulose, aus welcher es gefertigt wurde, zumal es sich bei der Überführung von loser Nitrozellulose in die gelatinierte Form im wesentlichen um einen Vorgang handelt, welcher die chemische Beschaffenheit der Nitrozellulose unberührt läßt. Wenn man aber dazu die Art und Weise der Herstellung, die Erwärmung beim Kneten, Walzen. Pressen und Trocknen, den Einfluß der Temperatur auf die verschiedenartigen flüchtigen Lösemittel wie Alkohol, Azeton, Äther betrachtet, so kommt man zu dem Schlusse, daß auch diese Substanzen je nach ihrer Beschaffenheit, ihrem Verhalten während der Herstellung des Pulvers, die Haltbarkeit des letzteren mit beeinflussen können. Außerdem scheinen auch noch Luft, Licht und Feuchtigkeit mehr oder weniger Einfluß auszuüben.

Die langsame Zersetzung erfolgt unter Bildung sauer reagierender Produkte und besonders starker Bildung nitroser Gase. Diese sauren Produkte vermitteln naturgemäß eine Reaktionsgeschwindigkeit und Beschleunigung des Zerfalls der Nitrozellulose.

Ähnlich wie bei Zelluloid verarbeitet man, um etwaige Zersetzungen aufzuhalten resp. zu verhindern, sogenannte Stabilisatoren. Solche sind: Kampfer, Diphenylamin, substituierte Harnstoffe, Urethan, Vaseline allein oder in Verbindung mit Natriumbikarbonat, Amylalkohol, die in geringer Menge der Masse zugesetzt werden.

f) Kunstleder.

Die Erzeugnisse sind auf dem Markt unter den Namen: Pegamoid. Dermatoid, Granitol, Pluviusin, Glorid usw. bekannt. Sie bestehen aus einem Baumwollgewebe und einer Deckschicht, welch letztere aus Kollodiumwolle hergestellt wird. Es werden gut zähflüssige, hochviskose Kollodiumwollen hierzu verwandt. Diese werden in Knet- oder Rührwerken mit entsprechenden Löse- oder Gelatinierungsmittel gelöst und mit weiteren Lösemitteln, die auch mit Nichtlösern gestreckt werden können, verdünnt. Weichhaltungsmittel wie Öle usw. werden gleichfalls zugesetzt. Zum Verdecken unangenehmen Geruches werden auch Riechstoffe beigefügt. Als Lösemittel dienen 95 %iger Spiritus unter Zusatz von Methylalkohol, Azeton, Ameisensäureester, Amylazetat usw. Die Lösungen werden meist 20 %ig hergestellt. Die fertige Masse wird gefiltert und entlüftet. Das Streichen der Waren erfolgt auf Streichmaschinen mit anschließender Trocknung unter Wiedergewinnung der Lösemittel. Je nach der Dichte der Lösung und der Art des gewünschten Kunstleders wird 3—8 mal aufgetragen und getrocknet. Darauf wird dieselbe auf Kalandern gepreßt und mit gewünschter Narbung versehen. Das Material hat eine ziemlich große Verwendung gefunden und ist zu Artikeln wie Möbel usw. verarbeitet, von echtem Leder kaum zu unterscheiden.

g) Triolin.

Als Linoleum-Ersatz wurde in den ersten Jahren nach dem Kriege ein im Aussehen dem Linoleum gleichwertiges Material herausgebracht, welches den Namen Triolin führte. Zur Herstellung desselben wurde Nitrozellulose angewandt, indem man den sogenannten Linoleumzement, eine teigartige Masse aus oxydiertem Leinöl, Kolophonium und anderen Harzen durch eine gleichartige Masse, jedoch aus gelöster Nitrozellulose und Harzen bestehend, ersetzte. Diese wurde dann wie üblich mit fein gemahlenem Kork oder Holzmehl vermischt und zwischen Kalander auf die aus Jute bestehende Unterlage gepreßt. Die Oberfläche wurde einem Härtebad unterworfen und das Ganze getrocknet. Durch Beimischung der verschiedensten Farben zum Auflagegemisch erzielte man dieselben Farbtöne und Musterungen wie bei Linoleum. Da die an die Nitrozellulose gestellten Ansprüche dieselben waren, welche auch an die Nitrozellulose gestellt werden, welche zur Pulverherstellung Verwendung gefunden hatte, fand man im Triolin ein geeignetes Material, in welchem die großen Mengen von Pulver-Nitrozellulose. aus der Kriegszeit übrig geblieben, Verwendung finden konnten. Leider haben jedoch feuertechnische Bedenken eine weitere Ausdehnung der Herstellung und Verwendung des Triolin unmöglich gemacht.

h) Die Nitrolacke

sind Lösungen von Kollodiumwollen in entsprechenden Lösemitteln mit oder ohne Zusatz von geringen Mengen Plastifizierungsmitteln. Als Lösemittel kommen in Betracht: Ätheralkohol, Ätherazeton, Amyl-, Methyl-, Propyl-, Butylalkohol, Amyl-, Butyl-Azetat, Essigsäure, Azeton, Di- und Epichlorhydrin und viele andere. Sowohl einzeln als auch im Gemisch, ferner mit Zusatz von Nichtlösern, finden diese Lösemittel Verwendung. Je nach Art der angewandten Lösemittel, Kollodiumwollen und Zusätze erzielt man sehr unterschiedliche Lacke. Bekannt sind dieselben unter den Namen Zaponlacke, Kristalline und dergleichen. Als Nichtlöser dienen Kohlenwasserstoffe wie Benzin und Benzol, ferner Spiritus und ähnliche Produkte.

Man unterscheidet Streich-, Tauch- und Spritzlacke je nach der Art ihrer Verarbeitung durch Streichen, Tauchen oder Spritzen.

Für die verschiedenen Verwendungszwecke kommen Nitrozellulosen mit verschiedener Viskosität in Frage. Für Streichzwecke finden meist hochviskose, für Tauchzwecke mehr niedrig- und mittelviskose und für Spritzlacke fast durchweg niedrigviskose Kollodiumwollen Verwendung.

Ihre Verwendung ist eine sehr mannigfaltige. Automobil-, Möbel-, Maschinen-, Lokomotiv- und Waggonfabriken sind die Hauptabnehmer für diesen Artikel. Kleinmetallfabriken, Apparatebauanstalten, aber auch die Leder-, speziell Lackleder-Industrie, sind Verbraucher von Nitrolacken.

Man stellt heute für jeden Sonderzweck die bestimmte, mit den notwendigen Eigenschaften versehene Kollodiumwolle und daraus genau den benötigten Lack her.

Hierhin gehört auch der Nitrozellulose-Klebstoff. Er besteht aus einer dicken, gelatineartigen Paste, die mit 1:1 Teilen Kollodiumwolle und Weichmachungsmitteln hergestellt ist. Auch Zelluloid und Filmabfälle finden hierfür Verwendung. Der größte Verbraucher hierfür ist die Schuhindustrie. Auch in der Sperrholzindustrie hat sich der Klebstoff zum Kleben der einzelnen Holzschichten eingeführt.

i) Plastische Massen.

Eine große Anzahl plastischer Massen, die als Pulverpreßmassen oder in gelatinierter fester Form gebraucht werden, haben Kollodiumwolle als Füll- oder Bindemittel. Die bekanntesten sind die unter den Namen Trolit und Zellureth auf dem Markt befindlichen Produkte.

Trolit besteht aus Nitrozellulose, die mit Plastifizierungs- und Füllmitteln, welchen auch entsprechende Farben zugesetzt sind, in Pulverform in Formen gepreßt wird. Es wird auch in der Weise hergestellt, daß es ähnlich wie bei der Herstellung von rauchlosem Pulver ohne Lösemittel plastisch auf Kalanderwalzen zu Platten oder in Stahlpressen zu Stäben fabriziert und dann unter Druck und Hitze in Formen zu Gegenständen verpreßt wird.

Zellureth ist ebenfalls ein ähnlich wie nach letzterem Verfahren hergestelltes, plastisches Material. Als Gelatinierungsmittel werden bei diesen Materialien nicht Kampfer, sondern andere Mittel gebraucht wie Zentralit, Mannol, Urethan, Plastol u. a. Für plastische Massen gibt es eine Unzahl von Verfahren. Nachstehend eine kleine Auslese:

Die Viscoloid-Company, Wilmington, stellt ein plastisches Material unter Anwendung von 100 Teilen Kollodiumwolle, 59 Teilen Trikresylphosphat, 64 Teilen hydratisiertes Magnesiumkarbonat her. Das Material ist unverbrennlich.

Dreyfus verwendet Kollodiumwolle, Diäthylphtalat, Triazetin und Farb- und Füllstoffe.

Cl. A. Nash mischt Harnstoffharz, Füllstoff und Kollodiumwolle in Verbindung mit Weichhaltungsmitteln.

Brit. Patent Nr. 280 178. I. G. Farbenindustrie A.-G., Frankfurt a. M., Elektrisches Isoliermaterial. Es wird einerseits ein organisches, faseriges Material wie Schlackenwolle, Asbest oder dgl. und andererseits eine Nitrozelluloselösung mit einem Weichmachungsmaterial verwendet. Als Weichmachungsmaterial werden Phosphorsäurephenolester verwendet. Beispielsweise mischt man 80 Teile Nitrozellulose und 138 Teile einer Mischung aus Kumaron, Harz, Schellack und Kopal mit 110 Teilen Trikresylphosphat und 340 Teilen eines Lösungsgemisches für Nitrozellulose, bestehend aus Butylalkohol und Essigäther. Dazu kommt noch eine Mischung von 332 Teilen Verdünnungsmittel, bestehend aus Chlorbenzol und Alkohol.

Brit. Patent Nr. 285 355. I. G. Farbenindustrie A.-G., Frankfurt a. M. Verfahren zur Herstellung von Kunstmassen aus Zellulosederivaten. Als Zellulosederivate werden verwendet: Nitro- und Azetylzellulose, sowie Methyl-, Äthyl-, Oxäthyl- und Benzylzellulose. Diese werden in einem organischen Lösungsmittel gelöst, sind aber im Wasser unlöslich. Beispielsweise werden z. T. einer 60 %igen Zelluloselösung in Äthylester der Azetylglykolsäure, Butylazetat, Butylalkohol, Benzol und Leichtbenzin mit einer wässrigen Methylzelluloselösung (8 Teile) emulgiert. Dieser Emulsion werden Farb- und Füllstoffe oder dergleichen zugegeben, außerdem Weichmachungsmittel, Riechstoffe usw. je nach Verwendungszweck. Als Füllstoffe dienen Kieselgur, Sägemehl oder andere Stoffe.

Schweizer Patent Nr. 132 323. Karl Friedrich Egli, Mainz. Verfahren zur Herstellung einer holzhaltigen knetbaren Masse, dadurch gekennzeichnet, daß Zelluloid in einem Lösungsmittel, z. B. Äther oder Azeton, aufgelöst und der so erhaltenen Lösung pulverisiertes Holz zugesetzt wird. Das Endprodukt ist leicht knetbar und verbindet sich fest mit Holz, Glas Metall, Porzellan usw., ohne abzubröckeln oder rissig zu werden.

Schweizer Patent Nr. 132 323. Karl Friedrich Egli,.Mainz. Holzartige Masse. Zelluloid wird gelöst, z. B. in Äther oder Azeton, und der so erhaltenen Lösung pulverisiertes Holz zugesetzt.

Amerikan. Patent Nr. 1 727 187. Du Pont Cellophane Comp. Inc. und William Hale Charch-Karl Edwin Prindle, New York. Wasserfeste plastische Masse. Zellulosehydrat wird mit einer Lösung behandelt, die Zelluloseester, Gummen, Wachse und Weichmachungsmittel enthält. Beispielsweise können folgende Zusammensetzungen verwendet werden: 52 % Nitrozellulose, 35 % Estergummi, 8,7 % Dibutylphtalat, 4,3 % Paraffin oder 50 % Nitrozellulose, 34 % Dammarharz, 12 % Trikresylphosphat und 4 % Paraffin.

Französ. Patent Nr. 668 688. I. G. Farbenindustrie A.-G., Frankfurt a. Main. Zelluloidähnliche Massen. Nitrierungen aus Holzzellstoff von etwa 10,8—11,9 % Stickstoff werden mit Phosphorsäureestern aliphatischer Alkohole mit mehr als 4—6 C-Atomen verwendet, beispielsweise Tributylphosphat.

Die zu diesen Verfahren verwendete Nitrozellulose wird in der billigsten herstellbaren Form gebraucht. Für die Formmassen kommt deshalb in der Hauptsache Zellstoff-Nitrozellulose in Frage, die keiner besonderen Nachbleiche und nur weniger Stabilisationskochwäschen bedarf.

XII. Anhang.

Andere Zellulosen.

a) Allgemeines.

Bei der Herrichtung und Vorbereitung der Zellulose, insbesondere Baumwolle und Zellstoff, für Nitrierzwecke entstehen außer der erwähnten N-Zellulose, die für Kollodiumwolle in der Hauptsache in Frage kommt, eine Anzahl sogenannter Hemizellulosen. Durch getrennte Herstellung dieser Sonderarten und deren weitere Bearbeitung hat man teilweise Produkte gefunden, welche in ihrer Verwendung von weitgehendster technischer Bedeutung geworden sind.

Das folgende Schema von Heuser gibt die heutige Vorstellung vom Abbau der Baumwollzellulosen am besten wieder:

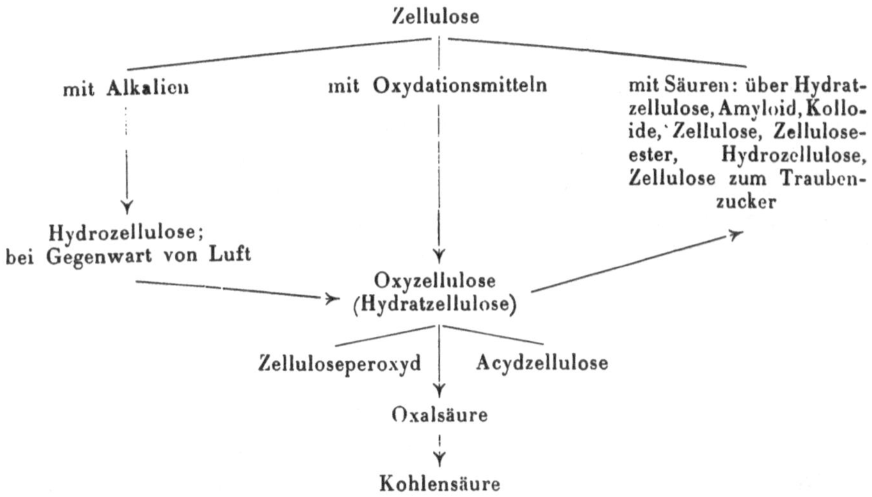

Nachstehend bringen wir zum Abschluß des Buches die wichtigsten Derivate, die als Ersatz für Nitrozellulosen bei der Fabrikation von plastischen Massen Verwendung finden.

b) Hydratzellulose.

Diese entsteht, allerdings meist in uneinheitlicher Beschaffenheit, durch Einwirkung von Alkalien und Salzlösungen auf reine Baumwolle. In ihrer elementaren Zusammensetzung gleicht sie der Zellulose besonders in ihrem Mangel an Reaktionsvermögen, ist jedoch hygroskopischer als Baumwollzellulose. Basische Farbstoffe färben dieselbe sehr schlecht. Sie entsteht bei der Fabrikation von Vulkanfiber, in der merzerisierten

Zellulose und im Glanzstoff der Viskose. Aus letzterer gewinnt man sie durch Behandlung des Natrium-Zellulosexanthogenat mittels sauren Salzbädern, nachdem man demselben die gewünschte Form, Folien, Filme, Flaschenkapseln, Fäden usw. bereits gegeben hat. Auf dem Markte erscheinen diese Produkte als Zellophane, Transparit, Viskofolien u. ä.

c) Hydrozellulose.

Diese enthält ein Molekül chemisch gebundenes Wasser und entsteht beim Erwärmen von Zellulose mit Salzsäure. Will man die Herstellung beschleunigen, so setzt man etwas Kaliumchlorat zu. Sie bildet ein sandiges, weißes Produkt, welches gegen Säuren und Alkalien ziemlich beständig ist. Die Hydrozellulose besitzt Reduktionsvermögen, ist teilweise leicht zu Hemizellulose hydrosierbar. Je nach der Stärke der Säuren und den sonstigen Arbeitsbedingungen gelangt man zu verschiedenen Abbauprodukten, von denen einige technische Bedeutung erworben haben, so Amyloid und Pergamentpapier.

d) Sulfohydrozellulose

stellt ein geschwefeltes Produkt der Hydrozellulose dar. Es entsteht dadurch, daß man Hydrozellulose in Salzsäure einträgt, dem entstandenen Brei Chlorschwefel zusetzt und das Reaktionsprodukt zur Abscheidung der Sulfohydrozellulose mit Wasser verrührt. Sulfohydrozellulose wird zum Vulkanisieren des Kautschuk verwendet. Hierbei geht sowohl der Schwefel als auch die Zellulose als chemisch gebundener Teil in die Kautschukmasse über.

e) Oxyzellulose.

Sie entsteht durch Oxydation der Zellulose mit Ozon, Persalzen, Halogenen, Hypochloriten, Salpetersäure u. a. Sie ist ein Bestandteil der zur Nitrierung mittels Natronlauge und obigen Bleichmittels vorbereiteten Zellulose. Sie wirkt als solche in der fertigen Nitrozellulose stark viskositätsverringernd. Die Oxyzellulose selbst wird auf folgende Weise hergestellt: Baumwolle wird mit Natronlauge 70 Bé und Zusatz von Permanganatlösung bis zur Entfärbung gekocht, dann gefiltert, heiß ausgewaschen und abtropfen gelassen. Darauf behandelt man mit Natronlauge von 25 Bé bei 50^{0} und läßt 24 Stunden stehen. Die Oxyzellulose setzt sich dann als feine Paste ab. Sie wird im Baumwollendruck zur Erzielung von Damasteffekten als Aufdruckmasse verwendet.

f) Äthylzellulose.

Sie entsteht bei der Behandlung von Zellulose und Alkaliverbindungen mit Halogenalkylen. Die Zellulose-Alkaliverbindungen erhält man durch Verbindung von Zellulose mit Erdalkalien, Alkalizinkat oder Alkalialuminat. Auch aus Verbindungen von Zellulose mit Metalloxyden erlangt man desselbe Produkt. Die Äthylzellulose ist in kolloidaler Form unlöslich in Wasser, Alkalilauge und Säure. Sie ist löslich in den meisten organischen Lösemitteln, wodurch ihre Verwendung zur Herstellung von Filmen, Kunstseide und anderen plastischen Massen möglich ist. Man läßt die Zellulose am besten aus Baumwolle mit Natronlauge 1 : 1 ein bis 2 Tage in Berührung, schleudert die überschüssige Lauge ab und trocknet die entstandene Natronzellulose im Vakuum bis auf einen geringen Wassergehalt. Sie wird dann mit drei Teilen Äthylchlorid, berechnet auf einen Teil des in Arbeit genommenen Materials etwa 8 Stunden im Autoklaven erhitzt auf 130° C. Das überschüssige Äthylchlorid destilliert man ab und laugt den Rückstand mit Wasser aus, um das Natriumchlorid zu entfernen. Darauf löst man die Äthylzellulose in Alkohol und fällt sie aus der filtrierten Lösung wieder durch Zusatz von Wasser aus. Nach einem anderen Verfahren verwendet man Diäthylsulfat zum Äthylieren.

g) Formylzellulose.

Diese wird durch Einwirkung von Ameisensäure auf Zellulose hergestellt. Die Ameisensäure greift hierbei sowohl die Hydroxylgruppe als auch den Kern der Zellulose an und depolymerisiert dieselbe. In den üblichen Lösemitteln ist dieselbe löslich und zwar desto besser, je mehr die Zellulosestruktur verschwunden ist. Sie wird in folgender Weise hergestellt: in etwa 100 Teile 98 %ige Ameisensäure setzt man 10 % 66° Bé Schwefelsäure zu. In diese Mischung trägt man 20 Teile trockene Baumwolle ein und fällt nach einigen Stunden die farblose, sirupöse Lösung mit Wasser aus. Die Schwefelsäure, welche lediglich Kontaktsubstanz ist, kann durch trockenes Salzsäuregas, ferner durch Sulfurylchlorid oder Chlorsulfonsäure ersetzt werden. Meist setzt man einige Prozent Zinkchlorid zu, um den Prozeß zu beschleunigen. Auf diese Weise erhält man sehr reine, hochviskose Celluloseformiatlösungen. Die Lösungen stellt man wie folgt her:

20 Tl. Zelluloseformiat,
80 Tl. 98 %ige Ameisensäure

oder

2 Tl. Zelluloseformiat,
10 Tl. Kaliumjodid,
10 Tl. H_2O,

oder

2 Tl. Zelluloseformiat,
5 Tl. naphtalindisuflosaures Natron,
20 Tl. H_2O,

2 Tl. Zelluloseformiat,
3 Tl. Ammoniumbichromat,
100 Tl. H_2O,

oder

10 Tl. Zelluloseformiat,
30 Tl. Resorein,
45 Tl. H_2O,

oder

10 Tl. Zelluloseformiat,
80 Tl. Chloralhydrat,
100 Tl. H_2O.

Ihre Verwendung findet sie als Lack, Kunstseide, Folien, Film oder andere plastische Massen, insbesondere auch als Füllmaterial für Preßartikel.

h) Viskose.

Bei der Einwirkung von Schwefelkohlenstoff auf Natronzellulose entsteht eine wässrige Lösung des Natriumsalzes, die Natriumzellulosexanthogensäure, welche man Viskose nennt, nach der Gleichung

$$C_6H_9O_4 \cdot ONa + CS_2 = NaS \cdot CS \cdot OC_6H_9O_4.$$

Man läßt diese durch Stehen „reifen", was eine Änderung des Verhaltens der Zellulose bedingt. Sie wird verwendet zur Herstellung der Viskoseide, Glanzstoff sowie diverser Zellulosehydratprodukte.

i) Azetylzellulose.

Unter diesem Namen, auch Zelluloseazetat genannt, versteht man die Essigsäureester der Zellulose. Sie entstehen durch Einwirkung von Essigsäureanhydrid oder Azetylchlorid auf Zellulose. Zu ihrer Herstellung bedient man sich eines Katalysators. Das zuerst hergestellte Material war das Zellulosetriazetat. Es ist das Primärprodukt bei der direkten Azetylierung von Baumwolle. Es unterscheidet sich von der Nitrozellulose in mannigfachen Punkten. Die hauptsächlichsten sind:

Nitrozellulose	löst sich in Kampfer,	Zellulosetriazetat	nicht;
„	ergibt mit Kampfer-Ersatzmitteln harte, zelluloidartige Massen,	„	dagegen weichplastische Massen,
„	wird bei Zusatz von Rizinusöl weich,	„	wird bei Zusatz von Fetten und Ölen brüchig und hart,
„	löst sich in Amylazetat, Alkoholäther, Essigäther, Azeton,	„	löst sich dagegen nicht, wird im Gegenteil durch diese aus anderen Lösemitteln ausgefällt.

Die eigentlichen Lösemittel für Zellulosetriazetat sind: Chloroform, Azetylentetrachlorid, Nitrobenzol, Essigsäure, Ameisensäure, Dichlorhydrin, Epichlorhydrin, Azetin. Von weitgehender technischer Bedeutung wurden die Zelluloseazetate erst bei Auffindung der Zellulosehydroazetate, die aus der Azetylzellulose durch Hydrolyse entstehen.

Zellulosetriazetat. Die Herstellung der Zellulosetriazetate erfolgt in folgender Weise: man trägt allmählich 20 Teile Zellulose in eine Mischung von 70 Teilen Essigsäureanhydrid und 70 Teilen Eisessig ein und setzt unter ständigem Rühren tropfenweise 1—2 % Schwefelsäure

60 Bé hinzu. Die Zellulose quillt und erreicht zunächst, um allmählich innerhalb 2—6 Stunden in eine klare, gelartige Masse sich aufzulösen. Dies ist das Zeichen, daß die Zwischenstufe, Zellulose-Diazetat-Sulfosäureester, erreicht ist. Nach mehrstündigem Stehen geht dieser Ester in das Triazetat über, welches durch Verdünnen mit Wasser oder sonstigen Nichtlösern evtl. nach vorheriger Neutralisation der Schwefelsäur emittels Basen ausgefällt wird. Als Katalysator dient meist Schwefelsäure oder ihr Anhydrid, Zinkchlorid, Trichloressigsäure usw. Die Menge des angewandten Katalysators darf nicht zu groß genommen werden, weil sonst die Reaktionstemperatur leicht über die erlaubte Grenze von 30° C steigt. Während der Reaktion wird die Temperatur durch Kühlung auf 15° C gehalten.

Zellulosetriazetat kann nicht zur Gelatinierung gebracht werden wie die Zellulosehydroazetate, deshalb können Folien nur durch Verdunstung von Pasten gewonnen werden. Es wird zur Herstellung plastischer Massen kaum mehr angewendet, da die Lösemittel teuer und giftig sind und ihrer Anwendung technische Schwierigkeiten im Wege stehen. Azetatlacke wurden vielfach mit Zellulosetriazetat gelöst in Azetylentetrachlorid hergestellt. Es waren dies langsam trocknende Lacke, die man jedoch heute auch als Zellulosehydroazetat herstellt.

Zellulosehydroazetat. Dieses wird durch Hydrolyse des Zellulosetriazetats gewonnen. Man verfährt folgendermaßen: Zellulose, 20 Teile, werden mit 50 Teilen Eisessigsäureanhydrid, 80 Teilen Eisessig und 3 Teilen konzentrierter Schwefelsäure behandelt. Das entstandene Zellulosetriazetat wird nun mit 8 Teilen 50 % Essigsäure + 5 % Schwefelsäure bei zirka 50° C innerhalb 12 Stunden hydrolysiert und dann ausgefällt. Das Zellulosehydrat löst sich in Azeton und bildet mit Kampfer-Ersatzmitteln wie Triphenylphosphat, Mischsäure, Phenole, Mannol, Essigsäureglyzerinester eine zelluloidartige, jedoch unbrennbare Masse. Die bekannteste Qualität ist das

Zellit. Dies ist der Name für eine azetonlösliche Azetylzellulose, die im Gegensatz zu dem chloroformlöslichen Zellulosetriazetat sich weite Verwendungsgebiete erobert hat. Außer der azetonlöslichen Qualität werden noch andere auf den Markt gebracht, und zwar das in heißem, verdünnten Alkohol lösliche Protozellit und das in verdünnter Essigsäure lösliche Serikose, wozu noch diverse andere Azetylierungs- bzw. Hydrolysierungsstufen kommen.

Das am meisten verwendete azetonlösliche Zellit L löst sich ferner noch in Methylazetat, Ameisensäureester und Essigäther. Die Löslichkeit wird in Essigäther durch Zusatz von geringer Menge Alkohol erhöht. Während Zellit in kalter Mischung Alkoholbenzol nicht löst, wird es bei einer Temperatur von 50—60° C vollkommen aufgelöst. D. R. P. 254 784.

Diese Eigenschaft ist bestimmend für die Qualität, da diejenigen Azetate, welche diese Eigenschaften nicht besitzen, geringe Stabilität und auch andere ungünstige Eigenschaften zur Weiterverarbeitung haben.

Im Äußeren zeigt Zellit ein leichtes, weißes, grobkörniges Pulver, brennt sehr schlecht und schmilzt bei Berührung mit einer Flamme. Es zersetzt sich bei 195° C. Es ergibt gelöst und insbesondere mit Plastifizierungsmitteln als Zusatz ähnliche gelartige Lösungen wie Nitrozellulose. Daraus hergestellte Folien sind stabil, fest, präge- und blasefähig. Auf ihm beruht die Herstellung von unbrennbarem Zelluloid (Zellon), Sikrid, Rgodoid. Ferner werden aus Zellit hergestellt Zellonlacke sowie Preßmassen wie Lonarit, Trolit u. a. Ein weiteres wichtiges Gebiet ist die Azetatseide, die große Verbreitung gefunden hat. Außerdem werden neuerdings mit Azetatschichten überzogene Drahtgewebe, Zelloglas, Vitrex, Vitorith fabriziert, die als Vorzug neben ihrer Unzerbrechlichkeit und Unverbrennbarkeit noch Durchlässigkeit für ultraviolettes Licht aufweisen. Als Folien ähnlich wie Zellophan stellt man Neophan aus Azetylzellulose her.

k) Benzylzellulose.

Diese werden hergestellt durch Einwirkung von Benzylchlorid und Natronlauge auf Hydrozellulose, wobei gleichzeitig bestimmte Temperaturbedingungen zu beobachten sind. Auch können alkoholische Bromide oder Jodide für denselben Zweck bei der Herstellung verwendet werden. Die Benzylzellulose ist ein weißes, körniges Pulver, vollkommen widerstandsfähig und undurchlässig gegen Wasser und Alkohol. Sie ist löslich in Benzin, Toluol, Xylol mit einem geringen Alkoholzusatz, Dichloräthylen, Trichloräthylen, Azeton-Benzin-Gemisch u. a. Nach dem Verdunsten der flüchtigen Lösungsmittel einer Benzylzellulose-Lösung verbleibt ein durchsichtiger elastischer und widerstandsfähiger Film. Reine Benzylzellulose ist schwer brennbar, in Mischungen mit den für Acetylzellulose üblichen Zusätzen vollständig unentflammbar. Benzylzellulose läßt sich zu Fäden und Filmen sowie für Lacke und plastische Massen verarbeiten. Die Benzylzellulose-Lacke sind denen der anderen Zellulosederivate in bezug auf geringe Viskosität überlegen. Zweiprozentige Lösungen haben im Cochius-Viskosimeter folgende Werte:

Nitrozellulose	80	Sec. Cochius,
Azetylzellulose	35	„ „
Benzylzellulose	20	„ „

Die Benzylzellulose-Lacke lassen sich aus möglichst billigen Lösungs- und Verdünnungsmitteln herstellen, 90 % der besten Lösungsmittel bestehen aus einem Gemisch Benzin-Toluol. Die Lacke sind mit Wasser nicht mischbar, wodurch eine Trübung des Films nicht eintreten kann. Die Filme sind glänzend, stark, elastisch und widerstandsfähig gegen Wasser und Alkohol. Benzylzellulose eignet sich auch für Imitationen von Horn, Elfenbein, Schildpatt für Industrien, die heute noch mit Zelluloid, Galalith, Bakelit oder Azetylzelluloseprodukte arbeiten. Benzylzellulose ist weder feuergefährlich wie Zelluloid, noch spröde wie Galalith, noch zerbrechlich wie Bakelit, bei 110° C weich genug für jede Verarbeitung und wird in der Kälte wieder hart, elastisch, glänzend und transparent. Der Preis für Benzylzellulose beträgt nur ein Drittel des Preises der Azetylzellulose.

Benzylzellulose stellt für den Forscher und Praktiker ein interessantes Gebiet der Zukunft dar. Die Benzylzellulose scheint berufen zu sein, bei vielen Verwendungszwecken sowohl die Nitrozellulose wegen der Feuergefährlichkeit derselben, als auch die Azetylzellulose wegen ihres hohen Preises auf manchen Gebieten zu verdrängen.

XIII. Einrichtung einer Nitrieranlage.

Jede Nitrieranlage teilt sich, je nach den auszuführenden Arbeiten, in vier Hauptteile, und zwar:

1. die Zellulose-Vorbereitungsanlage,
2. die Säure-Vorbereitungsanlage,
3. die eigentliche Nitrieranlage,
4. die Wasch-, Mahl- und Stabilisationsanlage.

1. Zellulose-Vorbereitungs-Anlage.

In der erstgenannten Abteilung wird der von der Zellulosefabrik kommende Zellstoff gerissen und getrocknet auf 1—3 % Wassergehalt. Das gleiche erfolgt mit Papier oder Baumwolle, Linters. Darauf wird er gewogen und verpackt und in besonderen Blechgefäßen zur Nitrierabteilung gebracht. Dieser Arbeitsvorgang ist bereits im Kapitel „Trocknen der Zellulose" beschrieben.

2. Säure-Vorbereitungs-Anlage.

Die unter 2. genannte Abteilung besteht aus einer Anzahl Säurekessel aus Eisen, von 7—10 cbm Fassung. Für eine Anlage zur Herstellung von 800—1000 kg Kollodiumwolle pro 10 Stunden benötigt man:

1 Kessel für frische Schwefelsäure, von 7—10 cbm Inhalt,
2 Kessel für gebrauchte Mischsäure,
3 Kessel für frische Mischsäure.

Die Salpetersäure wird in Korbglasflaschen geliefert, Oleum in Eisengefäßen. Man braucht demnach für diese beiden Säuren keine besonderen Lagergefäße, während dagegen Schwefelsäure in Kesselwagen geliefert und deshalb umgepumpt wird. Die Kessel für frische und gebrauchte Mischsäure sind zweckmäßig innen verbleit, weil diese Säuren durch ihren Wassergehalt Eisen zu leicht zerfressen. Die Kessel haben Einlauf- und Ablaufstutzen, Mannloch sowie Luftablaßöffnung, durch welche auch ein Messen des Inhalts mittels Meßstab möglich ist. Ein ferner eingeführtes Druckluftrohr ermöglicht das Mischen der Säure und Drücken derselben mittels Luft in jeden der anderen Kessel oder zum Temperiergefäß. Bei den Mischsäurekesseln ist ferner eine Vorrichtung zum Kühlen derselben mittels Berieselung durch kaltes Wasser sehr vorteilhaft. Das Temperiergefäß besteht aus Schlangenrohren aus Aluminium, welche heiz- oder kühlbar sind, und dient dazu, die Gebrauchsäure vor dem Einlaß in die Nitriergefäße auf die gewünschte Temperatur zu bringen. Zur weiteren Einrichtung dieser Anlage dient ein Wiegekessel zum Abwiegen der Säuren, ferner eine Druckluftanlage, um die Säure aus einem in den anderen Kessel befördern zu können. Es empfiehlt sich in jedem Falle, bei Projektierung und Anlage eines derartigen Betriebes, zur Prüfung der vielen notwendigen Vorbedingungen sich die Beratung durch geeignete Fachleute zu sichern. Die Kessel für die frische Mischsäure legt man zweckmäßig so hoch, daß die Säure mit eigenem Gefälle in die Nitriergefäße laufen kann, während die Kessel zur Aufnahme der gebrauchten Säure entsprechend tief liegen.

Für die Herstellung niedrigviskoser Kollodiumwollen bei hoher Temperatur haben sich insbesondere die neuen Rührtopfnitriereinrichtungen bewährt, bei denen man vielfach solche Gefäße verwendet, welche mit einem Heizmantel versehen sind, um die hohen Temperaturen der Säuren zu halten. Will man die niedrige Viskosität jedoch nur mit Nachbehandlung hochviskose Kollodiumwolle erzielen, so sind auch die anderen Verfahren gebräuchlich.

Neuerdings baut man meist besondere Säurepumpen ein, welche betriebssicherer sind und die Leitungen schonen.

Man braucht zur Herstellung von 600 kg Kollodiumwolle in 8 Stunden mittels Topfnitrierverfahren zirka 18 000 kg frische Mischsäure. Wenn man rechnet, daß man einmal am Tage auffrischen kann, muß man also stets zirka 10 000 kg Frischsäure für eine halbe Tagesproduktion zur Verfügung haben. Gebrauchte Säure hat man, um rationell zu arbeiten, das doppelte Quantum zur Verfügung, damit ein Teil immer in Ruhe sich absetzen kann.

Für die Absäure ist ein Kessel mehr vorzusehen, welcher dazu dient, die nach und nach anfallende überschüssige Säure aufzunehmen. Der Verbrauch an Säure berechnet sich bei einer Tagesproduktion von 600 kg Nitrozellulose wie folgt:

1000 × 0,4 kg	Salpetersäure (Zunahme der Kollodiumwolle an Stickstoff)	=	440 kg
1000 × 1 kg	Mischsäure (welche nach dem Schleudern noch in der Kollodiumwolle enthalten und durch Waschen verloren gehen)	=	1000 kg
			1440 kg

Die übrigbleibende, gebrauchte Säure muß nun durch Zusatz von frischer Salpetersäure und Schwefelsäure wieder zu der gewünschten Frischsäurekonzentration gebracht werden. Dabei ist zu berücksichtigen, daß die Säure noch verdünnt worden ist durch das aus der Baumwolle mitgenommene Wasser. Man gleicht dies aus durch Zusatz von Oleum, nachdem man durch Analyse die einzelnen Komponenten prozentual festgestellt und die Zusätze nach der Konzentration der zur Verfügung stehenden Frischsäuren, Salpeter- und Schwefelsäure, errechnet hat. Je nach der Konzentration der verfügbaren Frischsäuren tritt nun ein mehr oder weniger großer Überschuß an gebrauchter Säure ein, für den man im Rahmen der Fabrikation keine Verwendung mehr hat. Dieser Überschuß wird im dritten Kessel für gebrauchte Mischsäure gesammelt und bei genügender Menge entweder in eigener Anlage zerlegt und wiedergewonnen oder aber, wie es vielfach in Betrieben der obigen Größe der Fall ist, anderweitig verkauft.

Die Leitungen der Frischsäure sind aus Eisen oder Aluminium, die der Mischsäure aus säurefestem Gußeisen (Siliziumguß) oder Tonröhren. Soll die Salpetersäure in Kessel gelagert werden, so empfiehlt es sich, hierfür Aluminiumkessel, die für diesen Sonderzweck hergestellt werden, zu benutzen. Die in die Säureableitung einzubauende Filtereinrichtung beschrieben wir schon beim Kapitel „Abfallkollodiumwolle" (s. d.).

3. Die eigentliche Nitrieranlage.

Man verwendet heute das einfache Topfverfahren in Kleinbetrieben, das Rührtopfverfahren in Klein- und Mittelbetrieben, das Zentrifugen- und das Vakuumverfahren in Großbetrieben.

a) Topf-Nitrierverfahren.

Für eine Leistung von 1000 kg pro Tag benötigt man folgende Einrichtung:

12 Nitriertöpfe à 250 kg Säureinhalt,
1 Säurezentrifuge nebst Syphon und Schwemme,
1 Exhaustor.

Der Arbeitsvorgang ist folgender: die richtig temperierte Säure wird in die Töpfe bis zu einer bestimmten Marke eingelassen und die abgewogene Zellulose (Zellstoff, Papier oder Baumwolle) hineingebracht. Darauf mehrmaliges Umrühren mittels Aluminiumgabeln und Stehenlassen bis zur Beendigung des Nitrierprozesses (meist 30—40 Minuten). Darauf Ablassen der Säure, Herausnahme der Kollodiumwolle und Abschleudern in der Zentrifuge, darauf Beförderung zur Vorwäsche durch Einwerfen in Syphons und Schwemmen zum Vorwaschbottich. Die Töpfe sind aus säurefestem Steinzeug, die Leitungen aus dem gleichen Material oder Siliziumgrauguß. Der Raum soll guten Abzug, gutes indirektes Licht haben und recht luftig sein. Der Boden soll aus Zement oder Stein sein; mehrere direkte Ausgänge sind vorteilhaft.

b) Rührtopf-Anlage.

Die Nitriergefäße sind aus V_2A oder Aluminium. Das Rührwerk desgleichen. Sie sind angebracht auf Eisenpostament oder in Etagen. Je zwei oder vier Apparate sind durch Ablauf mit Ventil an ein gemeinsames Anschlußrohr an der darunter parterre stehenden Zentrifuge angeschlossen. Nach Beendigung des Nitrierprozesses erfolgt durch Öffnen des Ventils Ablauf in die Zentrifuge, wobei die Säure sofort durchläuft zum Sammelkessel für gebrauchte Mischsäure. Die Kollodiumwolle wird abgeschüttelt und darauf mittels Schwemme zum Vorwaschbottich befördert.

Vier Rührtopfnitriergefäße haben bei je 400 kg Säureinhalt eine Leistung von zirka 500 kg Kollodiumwolle pro Tag.

Die Tätigkeit ist mechanischer als beim Topfnitrierverfahren. Arbeitszeit- und Arbeitsersparnis sind die Vorteile des Rührtopfverfahrens.

c) Zentrifugenanlage.

Nitrierzentrifugen bekannter Bauart (vgl. Kapitel „Nitrieren") werden so nebeneinander gestellt, daß zwischen je zwei ein Schwemmsyphon, welches von beiden Seiten bedienbar ist, sich befindet. Je nach der Größe benötigt man für eine 1000 kg-Tagesproduktion 4—6 Zentrifugen. Das Verfahren ist fast ganz mechanisch, hat jedoch einen ziemlich beträchtlichen Verschleiß der Apparatur zur Folge.

4. Wasch-, Mahl- und Stabilisationsanlage.

2 Vorwaschbottiche,
2 Mahlholländer à 250 kg Trockenfüllung,
4 Vorkochbottiche,
4 Stabilisatoren,
1 Wasserzentrifuge

sind die Einrichtung für eine Tagesleistung von 1000 kg. Entsprechende Pumpen und andere Transportgefäße, Bleichmittelbereitungsanlage, Packgefäße usw. vervollständigen dieselbe.

Die besonderen Eigenschaften der einzelnen Anlagen, die zur Entscheidung, ob die eine oder andere Anlage gewählt werden soll, maßgebend sind, scheiden sich naturgemäß in wirtschaftliche und solche rein technischer Art. Erstere sind entscheidend für derartige Anlagen, in denen ein Durchschnittsprodukt, Kollodiumwolle für Zelluloid, Kunstleder, Kunstseide, hergestellt wird, letztere für solche Anlagen, in denen Kollodiumwolle mit besonderen Eigenschaften hergestellt wird.

Topfnitrierung: Hohe Arbeiterzahl (hohe Zahl der effektiven Arbeitsstunden), geringer Kraftverbrauch, geringer Verschleiß, niedrige Anschaffungskosten.

Rührtopfnitrierung: Geringere Arbeiterzahl (geringe Zahl der effektiven Arbeitsstunden) mehr Kraftverbrauch, mehr Verschleiß, doppelte Anschaffungskosten als vor.

Zentrifugennitrierung: Geringste Arbeiterzahl (geringste Zahl der effektiven Arbeitsstunden), hoher Kraftverbrauch, hoher Verschleiß, hohe Anschaffungskosten.

Literatur-Aufstellung.

1. Annales de hemie et de PhCysique 1833.
2. Bericht an die Pariser Akademie 1833.
3. Sitzungsberichte der Naturforschenden Gesellschaft, Basel 1846.
4. Hannoversche Zeitung 5. X. 1846.
5. Geschichte der Explosivstoffe v. H. J. v. Romocki, Hannover 1895.
6. Zeitschrift f. angew. Chemie 1901.
7. Memorial des poudres et salpêtres II. 1897.
8. Osterbind, Anweisung zur Bereitung der Schießbaumwolle 1847.
9. Nitrozellulose-Zeitschrift 1930.
10. Schwalbe, Berichte 1925.
11. Schrimpff, Nitrozellulose 1919.
12. Chemiker-Zeitung 1910.
13. Zeitschrift für Schieß- und Sprengstoffwesen 1910.
14. Zeitschrift für Schieß- und Sprengstoffwesen 1919.
15. Zeitschrift für angew. Chemie 1910.
16. Schrimpff, Nitrozellulose 1919.
17. Ullmann, Enzyklopädie III/306, Berlin 1930.
18. Zeitschrift f. d. gesamte Schieß- und Sprengstoffwesen 1906.
19. Chemiker-Zeitung Rep. 1908.
20. La Nitrocellulose et le Celluloid, Paris 1925.
    A, Dubosc.
21. Kunstseide, Berlin 1922.
22. Seeligmann-Zieke, Handbuch der Lack- u. Firnis-Industrie, Berlin 1930.
23. Lunge-Berl. Untersuchungsmethoden.
24. Piést. Das Zelluloid, Halle 1913.
25. Piést. Die Zellulose, Stuttgart 1910.
26. Zeitschrift Die Zelluloid-Industrie, Berlin.
27. Zeitschrift Kunststoffe, München.
28. Revue Générale des Matières Plastiques, Paris.
29. M. Schubert, Die Zellulosefabrikation, Berlin 1924.

Ab

iathan-Baumwoll-Waschanlage.

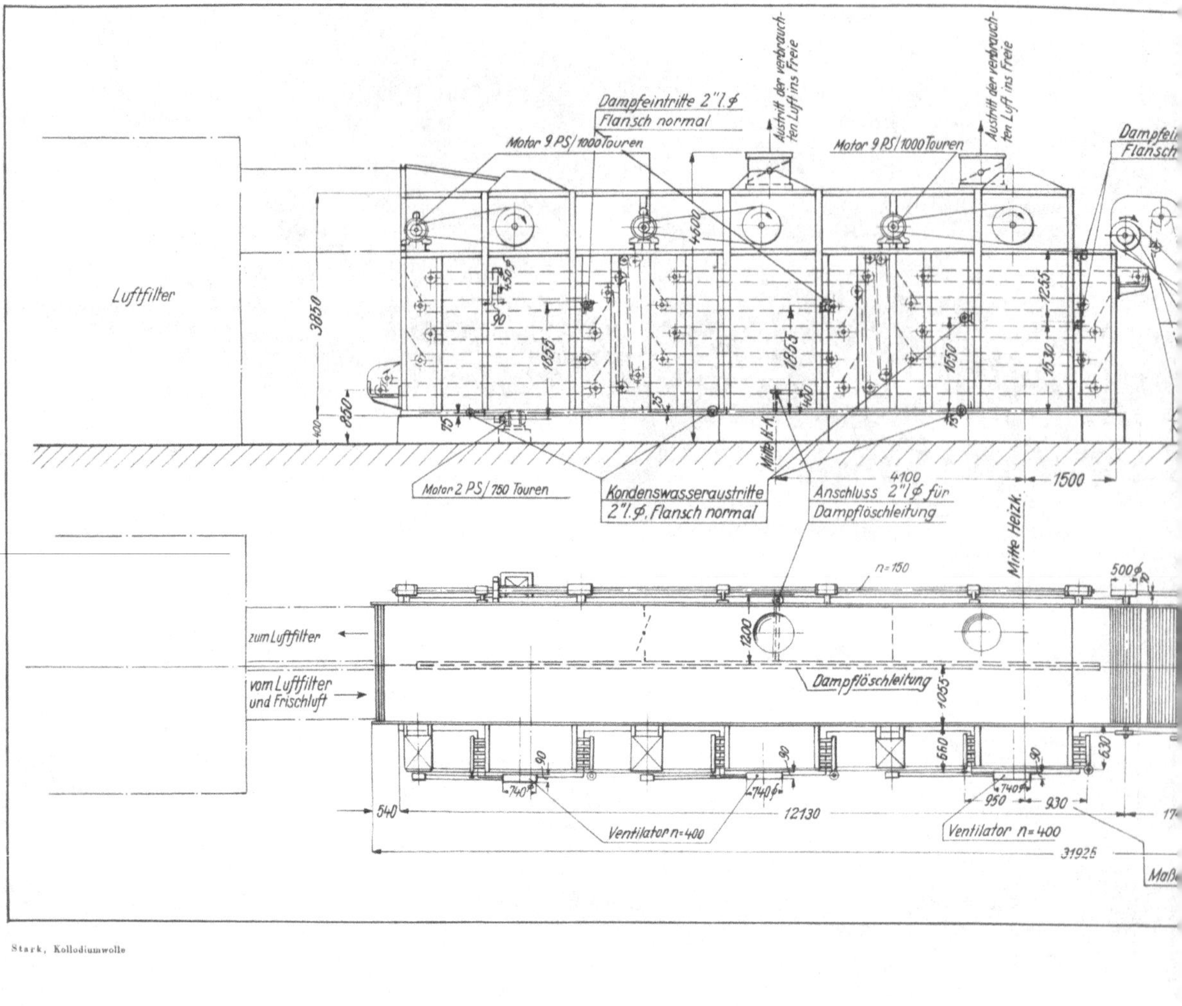
Luftfilter
Dampfeintritte 2" l. ϕ
Flansch normal
Motor 9 PS/1000 Touren
Austritt der verbrauchten Luft ins Freie
Motor 9 PS/1000 Touren
Austritt der verbrauchten Luft ins Freie
Motor 2 PS/750 Touren
Kondenswasseraustritte
2" l. ϕ. Flansch normal
Anschluss 2" l ϕ für
Dampflöschleitung
Mitte Heizk.
zum Luftfilter
vom Luftfilter
und Frischluft
Dampflöschleitung
Ventilator n=400
Ventilator n=400

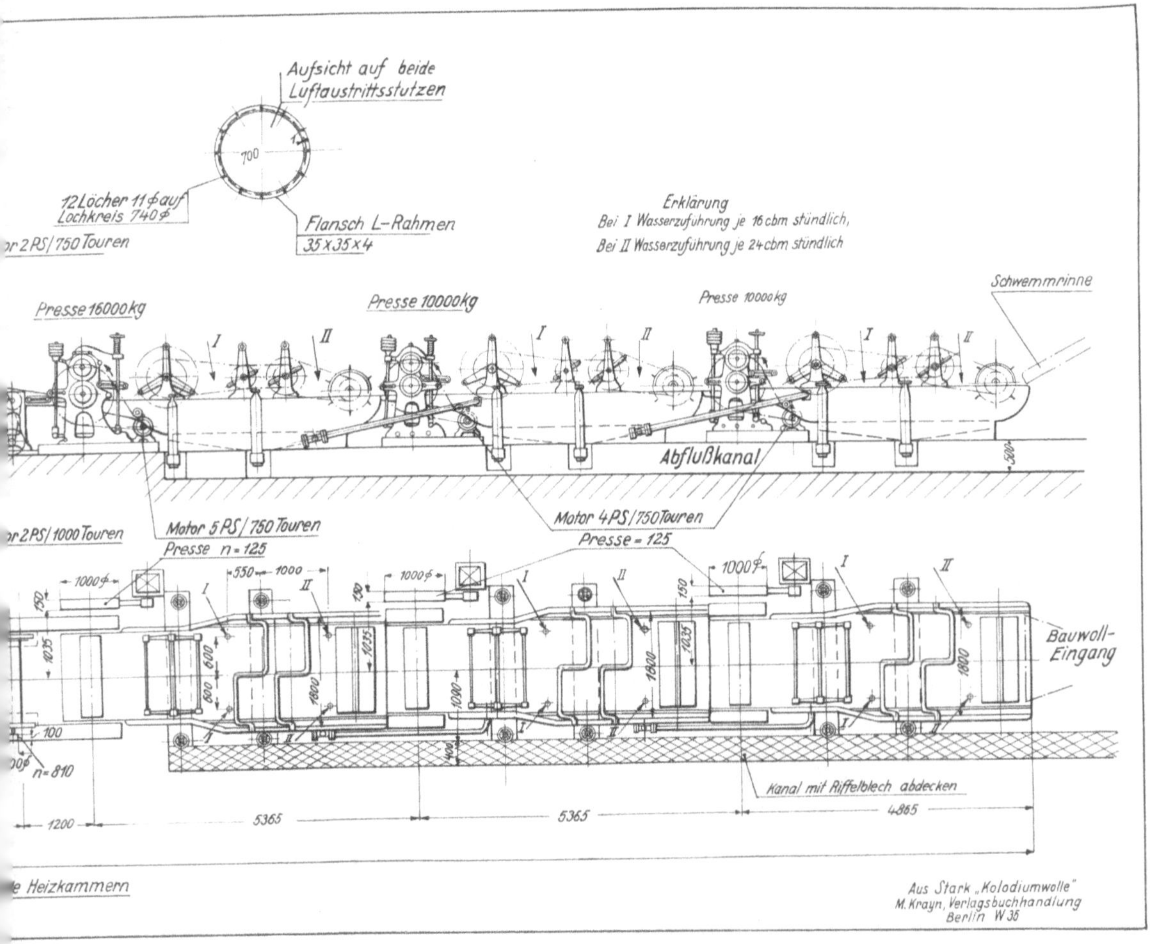

Abb. 20. Leviathan Seiten-Ansicht.

Abb. 19. Leviathan Grundriß.

AUTOREN-REGISTER

SACH-REGISTER

BEZUGSQUELLEN

GEBRÜDER MARTIN G. M. B. H.
BAUMWOLLBLEICHEREI
KÖLN-MÜLHEIM

SPEZIALITÄT:

Gebleichte Baumwolle jeder Qualität für alle **chemischen und technischen Zwecke**

Baumwolle jeder Art zur Herstellung von
Schieß- u. Kollodium-Wolle

Gebleichte Baumwolle jeder Qualität für alle Arten der
Kunstseidenfabrikation,
besonders für **Nitroseide, Kupferammoniakseide, Acetatseide u. beste Viskoseseide**

Gebleichte Baumwolle jeder Qualität für die Herstellung von **Films, Lacken, Kunstleder, Spaltleder, Kunststoffen** aller Art, farbiges, weißes und transparentes **Zelluloid, plastische Massen, Zellophan, Flaschenverschlüssen, Spritzdecklacke niedrigster Viskosität**

Gebleichte Baumwolle jeder Art für die Herstellung von **Feinpapier**

Hydraulische

Preßanlagen und Maschinen

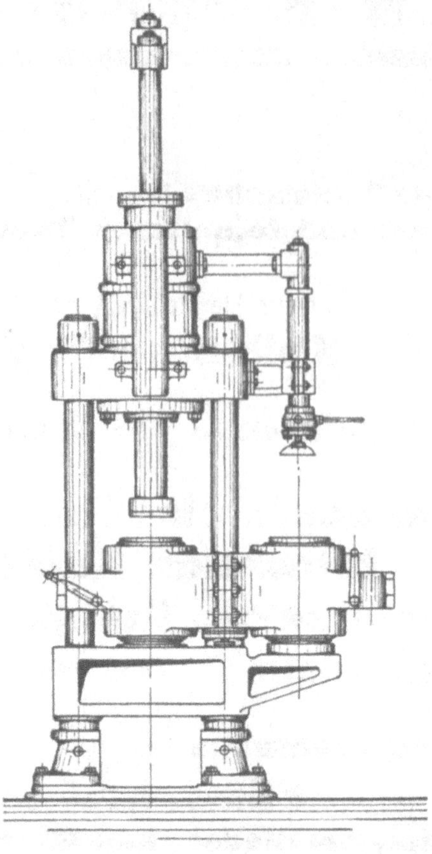

zur Herstellung
plastischer Massen
aus:
Nitro- u. Azetylzellulosen,
Kaseïn u. Kondensations-
produkten,
z. B. für Zelluloid,
Azetatmassen,
Kunsthorn, Kunstharz,
Isoliermaterialien.

*

Fabrikation aller in
Betracht kommender
Preßwerkzeuge.

*

Uebernahme
kompletter Anlagen

*

Kostenlose
fachmännische
Beratung

*

Niederrheinische Maschinenfabrik

Becker & van Hüllen A.-G.

KREFELD
Untergath 9
Telephon: Sammel-Nr. 288 51
Telegr.-Adresse: Bekhülle

Intern. Schutzmarke

Intern. Schutzmarke

Gebleichte Baumwolle

jeder Qualität
in Flocken-, Papier- oder
Pappenform für alle che-
misch-technischen Zwecke

Peter Temming

Baumwollbleicherei und Papierfabrik

Hamburg 1 • Glückstadt i. H.

Apparate mit u. ohne Rührwerk
Schmiedeis. homogen verbleit
gusseis. hochsäurebest. emailliert
Knet- und Mischmaschinen
Walzwerke
Silicium-Guss
Säurepumpen
Apparate in V 2a Material

für die

Sprengstoff-
und Chemische-Industrie

SCHÜTZE A.G. OGGERSHEIM (PFALZ)

H. HECHTENBERG

Maschinenfabrik, Blechschmiede, Schweißerei, Gießerei

DÜREN (Rhld.)

GEGRÜNDET 1878

*

APPARATE UND MASCHINEN
zur Aufarbeitung, Verarbeitung und
Lösung von Baumwollzellulose

Haubold

Zentrifugen

für die

chemische Industrie

Sonderheit:

Nitrierzentrifugen
Alkoholisierzentrifugen
Großleistungszentrifugen
mit Drucköl-Steuerung
für automatisches Arbeiten

Sie sind so zweckmäßig und betriebssicher wie möglich gebaut, um jedem Dauerbetrieb gewachsen zu sein, sie laufen ruhig und bieten Gewähr für beste Arbeitsleistung.
Bitte, verlangen Sie unverbindliches Angebot oder den Besuch eines Spezialingenieurs

C.G.HAUBOLD A.G. CHEMNITZ

GRÖSSTE UND LEISTUNGSFÄHIGSTE ZENTRIFUGENFABRIK

Zeitgemäße Fabriken

der Pulver-, Sprengstoff-, Explosiv-
stoff- und Munitions-Industrie

projektiert; baut; setzt in Betrieb

Kontinuierliche Verfahren für
Nitroglyzerin; Pentaerythrit;
Nitropentaerythrit; Bleiazid;
Knallquecksilber
DRP; AP; DRP a; AP a.

J. Meißner Ziv.-Ing.
Chemisch-techn. Büro
Burbach, Kreis Siegen

Trocken-Apparate

Wichtige Neuerungen

Friedr. Haas
Lennep (Rhld.)

V_2A-, V_4A- UND NICKEL-APPARATE

SOWIE ANLAGEN AUS KUPFER,
ALUMINIUM, MONEL, SILBER
in allen verlangten Ausführungen baut

CARL CANZLER GMBH.
DÜREN (RHEINLAND)

STEIGERUNG DES GEWINNES
durch
LÖSEMITTEL-RÜCKGEWINNUNG
nach dem
AKTIV-KOHLE-VERFAHREN
der
CARBO-UNION
LURGI GESELLSCHAFT FÜR WÄRMETECHNIK M. B. H.
FRANKFURT A. M. • LURGIHAUS

Lösungsmittel
Weichmachungsmittel
HIAG
aller Art
für die Lack-Industrie und verwandte Gewerbe
HIAG Holzverkohlungs-Industrie G. m. b. H.
Konstanz a. B.

Maschinenbau A.-G. Golzern-Grimma
Grimma (Sa.)
Apparate und Einrichtungen
für die
Pulver-Zelluloid-Film- und Kunstlederindustrie
Hydraulische Pressen für Kunststoffe aller Art
Destillier-Rektifizierapparate für alle Zwecke der chemischen Industrie / Säurebeständiger Guß „Acidur" / Acidur-Armaturen / Säurepumpen
Konzentrationsanlagen für Schwefelsäure und Salpetersäure

C. STARK Ingenieur-Büro

Neu-Einrichtung u. Modernisierung von Fabrikationen für Nitro- und Acetyl-Zellulose

Spez. Niedrigviscose Koll.-Wollen nach neuesten Spezialverfahren

Celluloid, Filme, Folien, Kunstleder, Preß- und Spritzpulver aller Art

Kunsthorn, Kunstharz

Isoliermaterialien

Neueste und modernste Verfahren

CHARLOTTENBURG 5
Pestalozzistraße 56a

M. KRAYN, Technischer Verlag G. m. b. H., BERLIN W 35

Die Cellulosefabrikation (Zellstoff-Fabrikation). I. Teil
Praktisches Handbuch für Papier- und Cellulosetechniker, kaufmänn. Direktoren, Werkführer, sowie zum Unterricht an Fachschulen. Mit 142 Abbildungen, von **Max Schubert,** weil. Fabrikdirektor a. D., Professor an der Techn. Hochschule zu Dresden. – *Vierte umgearbeitete und vervollständigte Auflage* von **Ernst Altmann,** Ing.-Chemiker für Papier- u. Cellulosefabrikation. Preis: broschiert RM 18.–.

Die Cellulosefabrikation (Zellstoff-Fabrikation). II. Teil
Technischer Teil. Zugleich Ergänzungsband zu Schubert: Cellulosefabrikation. Vierte Auflage. Mit 119 Abbildungen im Text und 5 Tafeln. Von **Fritz Hoyer,** Köthen (Anh.), beratender Ingenieur, Beauftragter Dozent am Papiertechnischen Institut des Friedrichs-Polytechnikums in Köthen. Preis: broschiert RM 8.–.

Beide Teile zusammen in einem Bande gebunden RM 28.—.

Die Holzschliff-Fabrikation
Unter Berücksichtigung der neuesten Erfahrungen und Fortschritte vom technischen und wirtschaftlichen Standpunkte aus. Von **Max Schubert,** weil. Fabrikdirektor a. D. und Professor an der Technischen Hochschule zu Dresden. Mit 103 Illustrationen und 3 Tafeln. *Dritte vermehrte und verbesserte Auflage* von Ing. **Fritz Hoyer,** Köthen (Anhalt). Preis: broschiert RM 12.–, gebunden RM 14.–.

Die Strohzellstoff-Fabrikation
und die **Herstellung von Zellstoffen aus grasartigen Pflanzen** sowie die **Herstellung der Strohpappen und Strohpapiere.** Von **Fritz Hoyer,** Ingenieur. Beauftragter Dozent am Papiertechnischen Institut des Friedrichs-Polytechnikums zu Köthen in Anhalt. Mit 195 Abbildungen im Text und 6 Tafeln. Preis: broschiert RM 18.–, gebunden RM 20.–.

Die Essigsäure
ihre Gewinnung und wirtschaftliche Bedeutung. Von **Viktoria Keßler.** 117 Seiten. Preis: RM 2,50.

Ausführliche Prospekte kostenlos!

M. KRAYN, Technischer Verlag G. m. b. H., BERLIN W35

Chemische Technologie der Gespinstfasern

Praktisches Hilfs- und Lehrbuch für Bleicher, Färber, Drucker und Ausrüster sowie zum Unterricht an Fach- und Hochschulen.

Herausgegeben von **Dr. Eugen Ristenpart,** Professor an der Gewerbeakademie und Färbereischule zu Chemnitz.

I. Teil:

Die chemischen Hilfsmittel zur Veredlung der Gespinstfasern

Eigenschaften, Darstellung, Prüfung und praktische Anwendung.

(Zugleich *dritte Auflage* **Dr. Herzfeld „Das Färben und Bleichen"**, Teil I.)

Preis: broschiert *RM* 10.–, gebunden *RM* 12.–, mit 101 Figuren.

II. Teil:

Die Gespinstfasern

Geschichte, Vorkommen, Gewinnung und wirtschaftliche Bedeutung, physikalisches und chemisches Verhalten und mechanische Verarbeitung in Spinnerei, Weberei und Wirkerei. *Dritte, gänzlich neubearbeitete Auflage* von **Prof. Dr. E. Ristenpart.** Mit 140 Abbildungen und einer Musterbeilage.

Preis: broschiert *RM* 18.–, gebunden *RM* 20.–.

III. Teil:

Die Praxis der Färberei unter Berücksichtigung der Appretur

(Zugleich *dritte Auflage* **Dr. Herzfeld „Das Färben und Bleichen"**, Teil III.)

Mit 118 Abbildungen und 13 Tafeln. Preis: broschiert *RM* 30.–, gebunden *RM* 32.–.

IV. Teil:

Die Praxis der Bleicherei unter Berücksichtigung der Appretur

Dritte, gänzlich neubearbeitete Auflage von **Prof. Dr. E. Ristenpart.** Mit 178 Abbildungen. Zugleich *dritte Auflage* von **Dr. Herzfeld „Das Färben und Bleichen"**, Teil II und *zweite Auflage* von **Dr. Theis „Die Bleicherei baumwollener Gewebe"**.

Preis: broschiert *RM* 20.–, gebunden *RM* 22.–.

Beurteilung und Bewertung von Geweben und Garnen

Praktische Anleitung für die Textil- und Bekleidungs-Industrie.

Mit 16 Abbildungen, von **Paul Krüger,** 1. Assistent am Öffentlichen Waren-Prüfungsamt zu Berlin.

Preis: broschiert *RM* 1.–.

Materiallehre für die Textil-Industrie

Rohstoffe, Herstellung und Untersuchung der Gespinste.

Von **Joseph Spennrath,** mit 133 Abbildungen im Text.

Vierte, verbesserte Auflage

von **Dr. Eugen Ristenpart,** Professor an der Gewerbeakademie und Färbereischule zu Chemnitz.

Preis: broschiert *RM* 14.–, gebunden *RM* 16.–.

Ausführliche Prospekte kostenlos!

DRUCK VON SIEGFRIED SCHOLEM, BERLIN-SCHÖNEBERG, HAUPTSTRASSE 8

FSC
www.fsc.org
MIX
Papier | Fördert
gute Waldnutzung
FSC® C083411

Kolibri 360 GmbH
Ferdinand-Jühlke-Straße 7
99095 Erfurt, Deutschland
produktsicherheit@kolibri360.de